FENGJING YUANLIN GUIHUA SHEJI SHIXUN ZHIDAOSHU

风景园林规划设计

实训指导书

付 军　张维妮　主编

化学工业出版社
·北京·

内 容 简 介

《风景园林规划设计实训指导书》是为风景园林专业、园林专业的教师、学生服务的课程设计教学参考书。本书首先简要介绍了设计要求及成绩评定办法，在各阶段设计要求概述的基础上，按照街道、居住区、广场、滨水区、花园、公园等不同类型的风景园林规划设计进行实训操作，每种类型的园林绿地均按照设计目的、内容、设计要求、成果要求、进度安排、参考资料推荐等进行设置，内容简明，图文并茂，可作为风景园林专业、园林专业的教材使用，也可供园林设计师、规划师、城市规划师等人员参考阅读。

图书在版编目（CIP）数据

风景园林规划设计实训指导书/付军，张维妮主编.—北京：化学工业出版社，2021.5（2023.2重印）

ISBN 978-7-122-38572-7

Ⅰ.①风… Ⅱ.①付…②张… Ⅲ.①园林设计-教材 Ⅳ.①TU986.2

中国版本图书馆CIP数据核字（2021）第032950号

责任编辑：袁海燕　　装帧设计：王晓宇

责任校对：李　爽

出版发行：化学工业出版社（北京市东城区青年湖南街13号　邮政编码100011）

印　　装：大厂聚鑫印刷有限责任公司

787mm×1092mm　1/16　印张10　字数222千字　2023年2月北京第1版第4次印刷

购书咨询：010-64518888　　售后服务：010-64518899

网　　址：http://www.cip.com.cn

凡购买本书，如有缺损质量问题，本社销售中心负责调换。

定　　价：48.00元

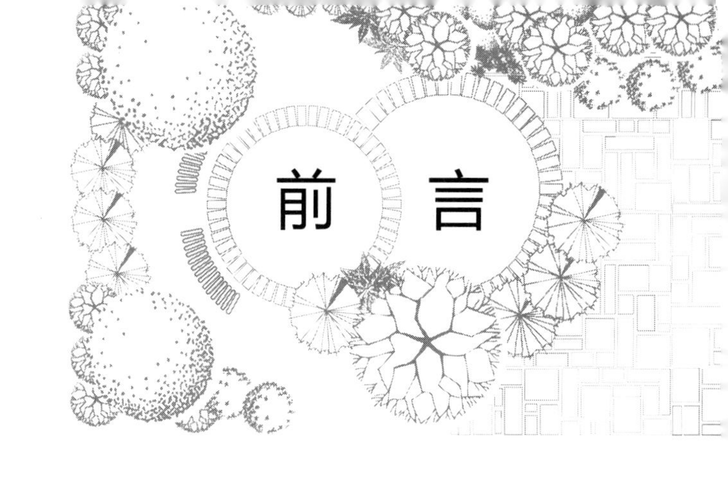

前言

风景园林和园林等本科专业的主要培养目标是使学生“具有风景园林规划设计、园林工程设计等方面的知识，掌握城乡各类园林绿地规划、设计、施工等方面的技能，毕业后可从事园林绿地规划、设计、施工等方面工作的应用型专业人才”。由此可见，风景园林规划设计实践能力的培养是专业培养目标中最重要、最首要的目标。风景园林规划设计类课程有如下特点：第一，风景园林规划设计系列课程包括风景园林设计、城市绿地规划、滨水景观设计、居住区景观规划设计等，这些课程实践性强，综合性强，课程前后衔接、联系紧密、整体性强。第二，这些课程的课程设计实训学时占总课时比例的50%以上，实训内容规模不同、类型迥异，要求深度和目标不同。因此本设计指导书是根据各课程教学目标，并结合现代风景园林发展需求而进行编写的。

本指导书涵盖街道、居住区、广场、滨水区、花园、公园等各种类型的风景园林规划设计实训内容，包括每种类型园林绿地的规划设计目的、内容、设计要求、成果要求、进度安排、参考资料推荐等内容。本教材适用于全国风景园林、园林本科专业风景园林规划设计类课程。

本教材由北京农学院园林学院教师付军、张维妮主编，参编人员为北京农学院教师刘媛、孙薇薇，北京市园林古建设计研究院周润霖。北京农学院研究生罗聪、吴紫豪、张宸颖、马歆如、边宇浩、刘名洋参与了本书的插图编绘工作。

本教材撰写工作分工如下：

付军编写规划总体要求，第一章，第二章第六～九节及第三章的相关内容。

张维妮编写第二章第一、二、四节及第三章相关内容。

刘媛编写第二章第五节的相关内容。

孙薇薇编写第二章第三节的相关内容。

周润霖编写第一章总体设计方案阶段中的总平面图绘制内容。

由于水平有限，书中难免存在疏漏和不妥之处，真诚希望广大读者指正。

编者

2020年10月

目 录

第二章
不同类型园林绿地课程设计任务书 055

第三章
风景园林规划设计相关规范节选 113

规划总体要求

一、设计要求

具体要求如下：

（1）功能布局合理、道路便捷流畅、植物选择合理、主题明确；

（2）图面美观整洁、空间尺度适宜、比例图例正确、透视准确；

（3）项目名称、指北针、比例尺、设计说明、图例等标识完整；

（4）设计符合国家现行法律及规范。

二、成绩评定办法

成绩按立意构思、功能与空间组合、景观设计、植物配置、图纸及图面表现等并结合课堂表现进行综合评定。成绩分为：优、良、中、及格、不及格五等，评分标准如下。

成绩评定办法

序号	项目	内容	等级标准				
			优	良	中	及格	不及格
1	立意构思	能结合场地环境特点及项目要求进行设计，立意构思新颖、巧妙，主题明确	90～100	80～89	70～79	60～69	＜60
2	功能与空间组合	功能布局合理，符合设计规范	90～100	80～89	70～79	60～69	＜60
3	景观设计	因地制宜，景观序列合理展开，景观丰富，空间尺度适宜	90～100	80～89	70～79	60～69	＜60
4	植物配置	植物选择、配置合理，植物景观主题突出，季相分明	90～100	80～89	70～79	60～69	＜60
5	图面表现	图纸完整，图面美观整洁	90～100	80～89	70～79	60～69	＜60

第一章

风景园林规划设计各阶段设计要求概述

一、总体设计方案阶段

（一）位置图

属于示意性图纸，表示基地在城市区域内的位置，绘图要简洁明了（参见图 1-1～图 1-3）。

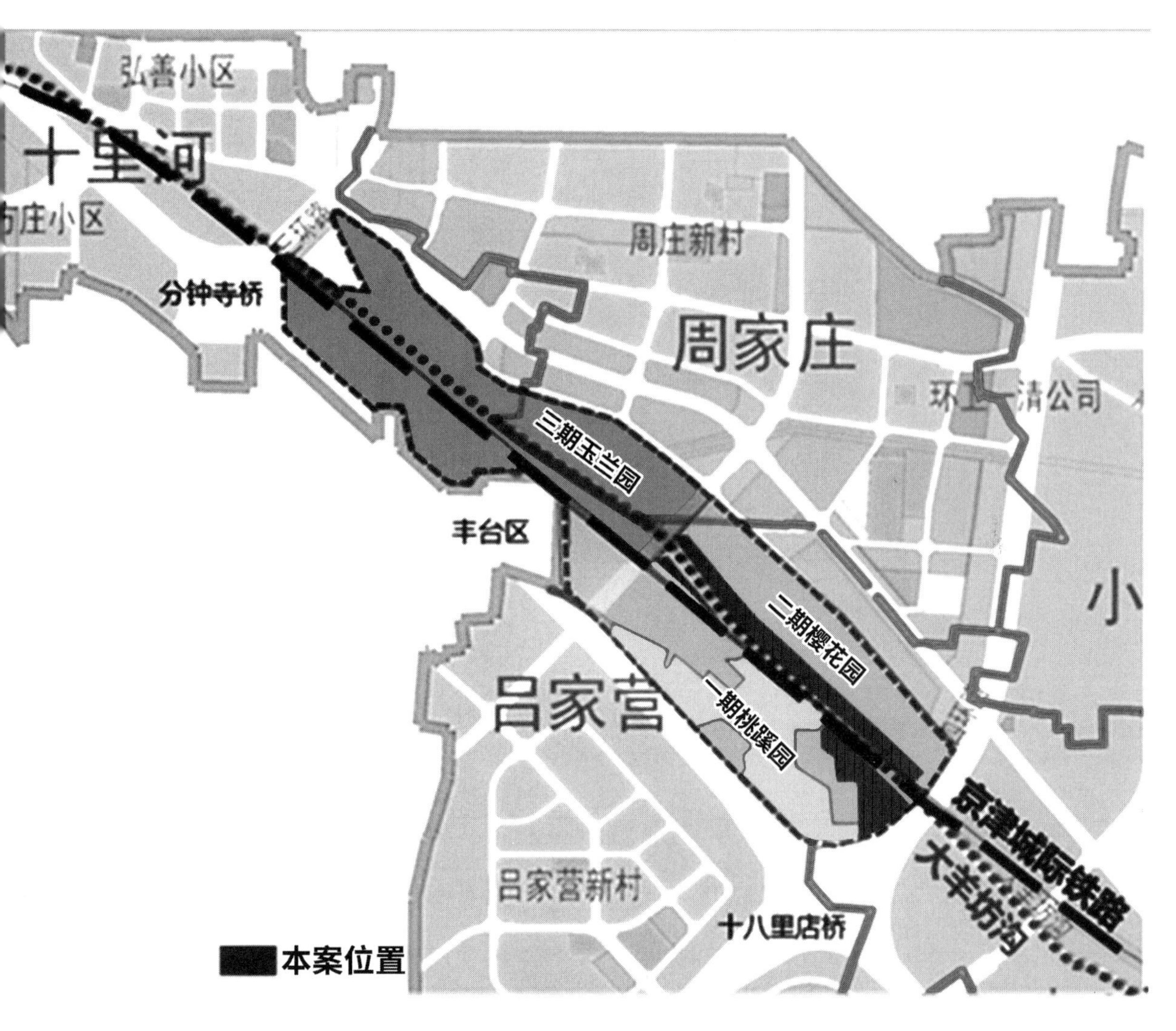

图 1-1　某公园位置图

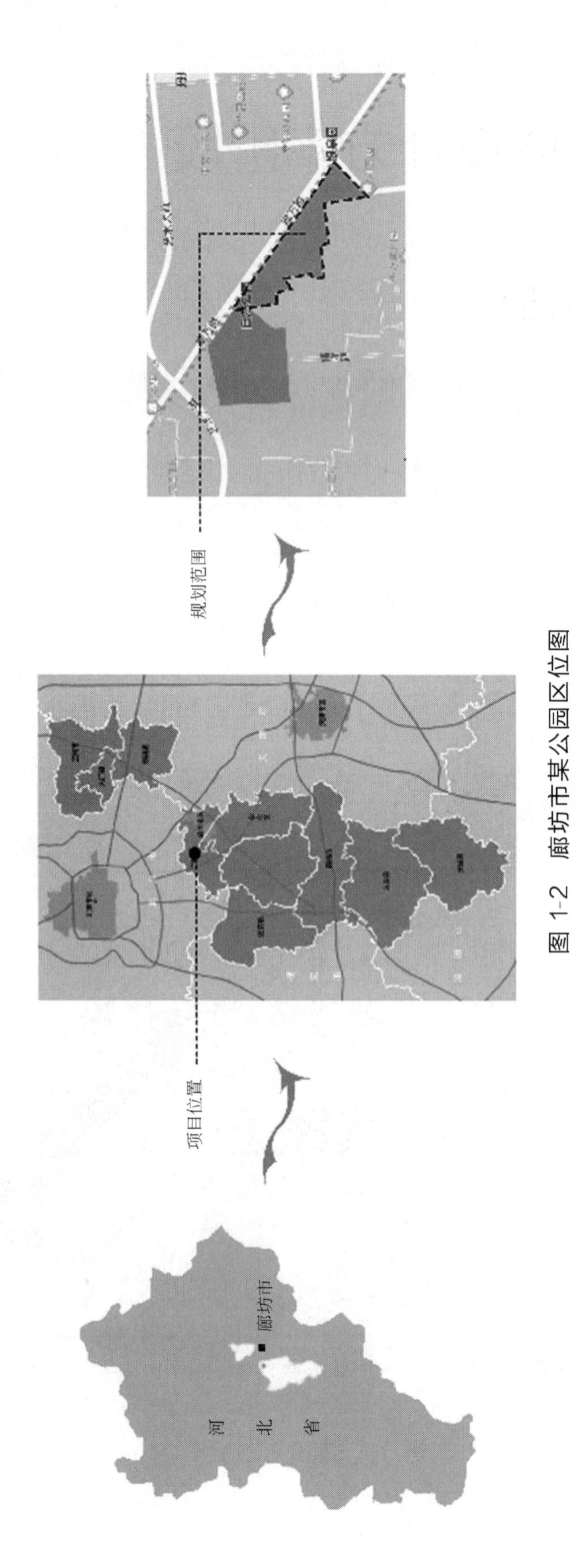

图 1-2 廊坊市某公园区位图

惠山国家森林公园
Hui Moutain National
Forest Park
京杭运河
Jinghang Canal
梁溪河
Liangxi River
无锡市中心
Wuxi Center
2.5 KM
基地位置
Site Location
梁溪河
Liangxi River
京杭运河
Jinghang Canal
蠡湖
Li Lake
太湖
Tai Lake

京杭运河
Jianghang Canal
健康路
Jiankang Road
健康桥
Jiankang Bridge
学前西路
Xueqianxi Road
开源大桥
Kaiyuan Bridge
基地位置
Site Location
6.48 ha.
学校
School
售楼处
Sale Office
天元世家
Tianyuan Mansion
梁溪河
Liangxi River
运河东路
East I Road of the Cana
100 米

图 1-3　某公园区位图

（二）现状分析图

根据已掌握的全部资料，经分析、整理、归纳后，分成若干空间，对现状做综合评价。可用圆形圈或抽象图形将其概括地表示出来。例如，经过对四周道路的分析，根据主、次城市干道的情况，确定出入口的大体位置和范围，同时，在现状分析图上，可分析设计中的有利和不利因素，以便为功能分区提供参考依据（参见图 1-4～图 1-8）。

（三）总平面图

总平面图表现整个基地内所有构成成分（地形、山石、水体、道路系统、植物的种植面积、建筑物位置等）的平面布局、平面轮廓等，是园林设计的最基本图纸，能够较全面地反映园林设计的总体思想及设计意图。以公园设计总平面图为例，主要包括以下内容。

第一，基地与周围环境的关系：公园主要、次要、专用出入口与市政系统的关系，即面临街道的名称、宽度；周围主要单位名称或居民区等。第二，公园主要、次要、专用出入口的位置、面积、规划形式，主要出入口的内、外广场，停车场，大门等布局。第三，公园的地形总体规划，道路系统规划。第四，全园建筑物、构筑物等的布局情况，建筑平面要能反映总体设计意图。第五，全园植物设计图。图上反映密林、疏林、树丛、草坪、花坛、专类花园等植物景观。此外，总体设计图应准确标明指北针、比例尺、图例等内容。

1. 总平面图包括的内容

（1）用地范围。

（2）用地性质，景区景点的位置、出入口的位置，园林植物、建筑、山石、水体及园林小品等造园素材的种类和位置。

（3）比例尺、指北针。

2. 总平面图的绘制要求

（1）布局与比例：图纸应按上北下南方向绘制，根据场地形状或布局，可向左或向右偏转，但偏转角度不宜超过45°，总平面图一般采用1∶200、1∶250、1∶500、1∶1000的比例。

（2）图例：按《房屋建筑制图统一标准》《总图制图标准》中列出建筑物、构筑物、道路、植物等的图例。

（3）图线：总平面图图线的线型选用应根据《总图制图标准》的规定执行。

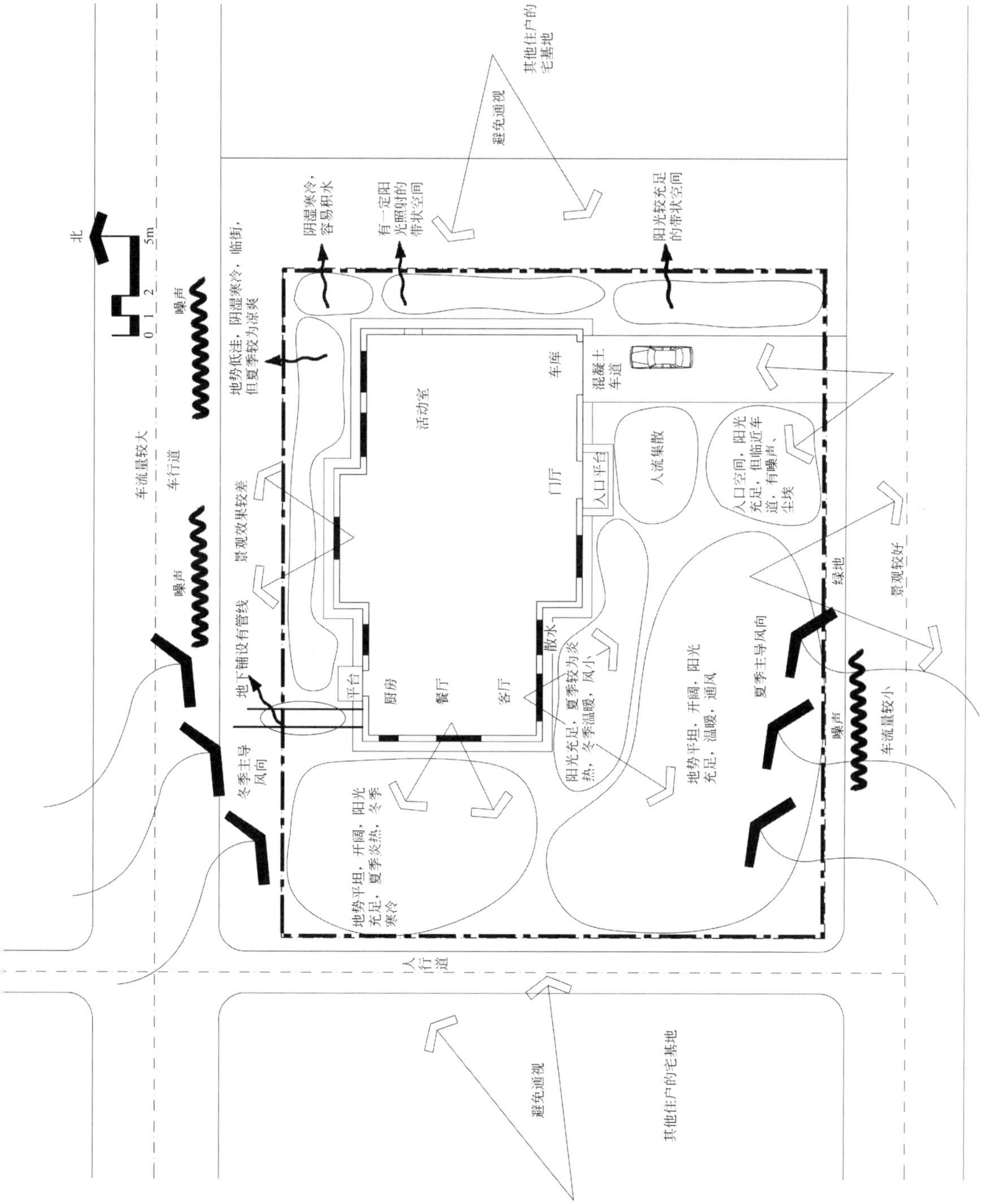

图 1-4 某庭院现状分析图（1）

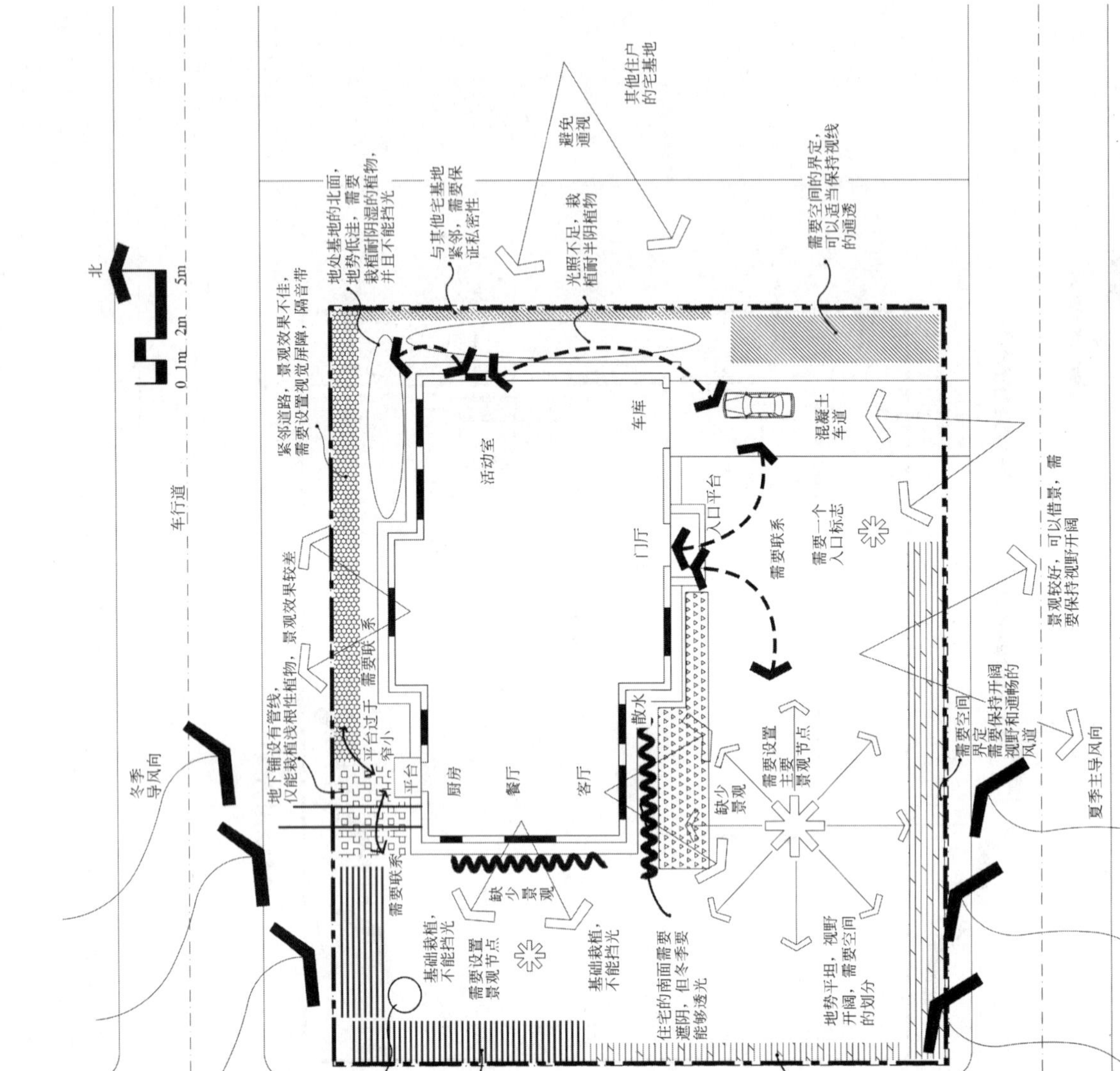

图1.5 某庭院现状分析图（2）

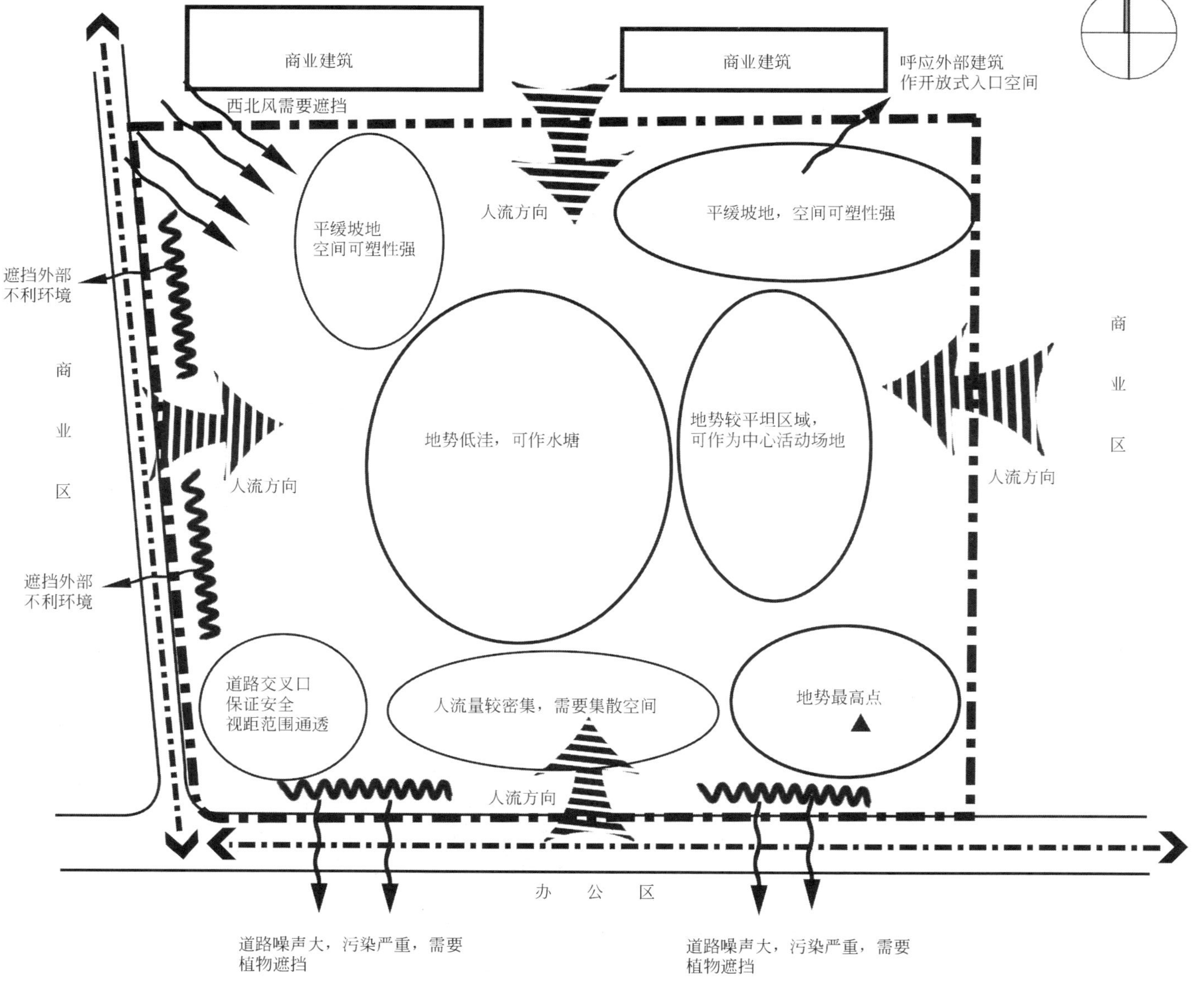

图 1-6 某花园现状分析图（1）

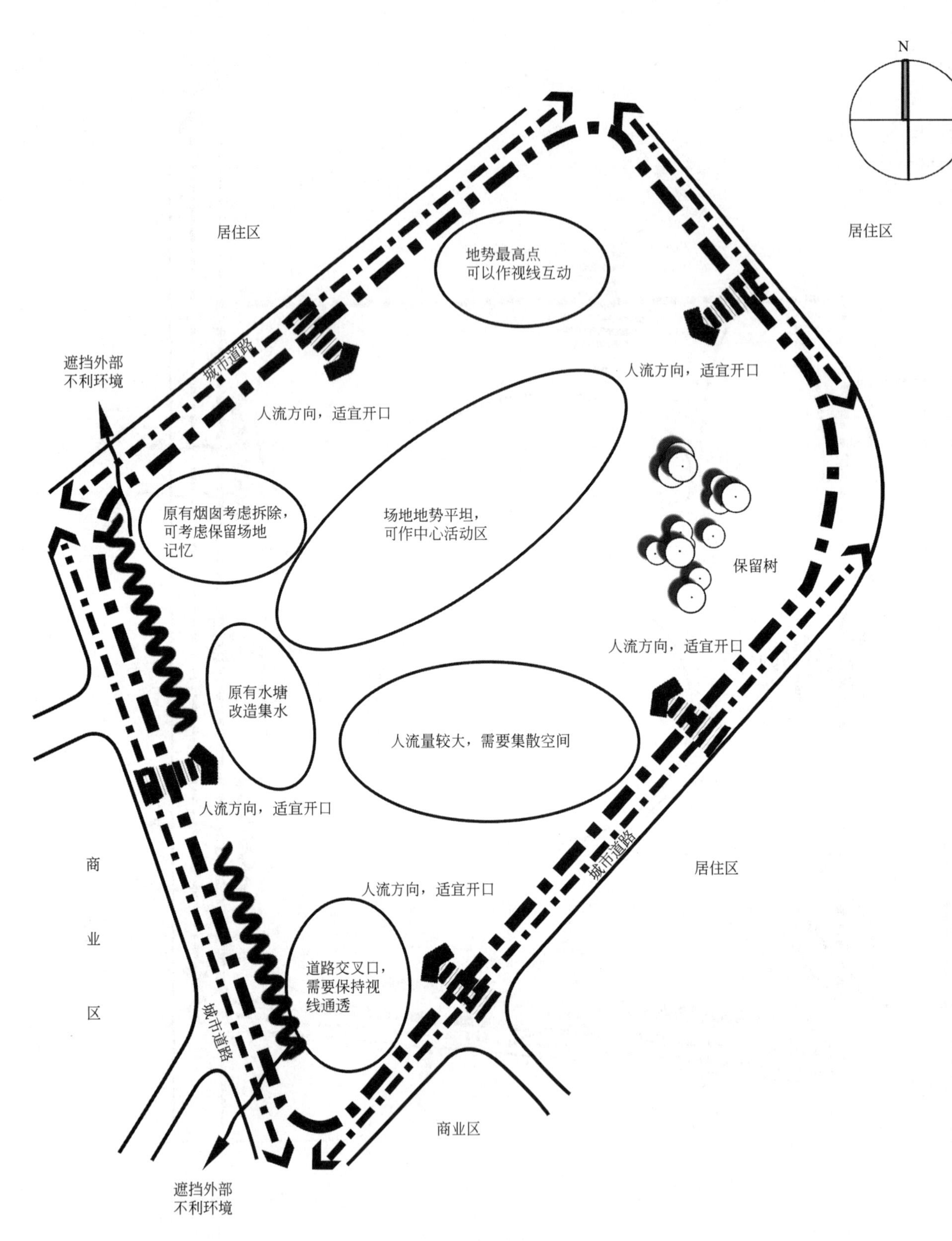

图 1-7　某花园现状分析图（2）

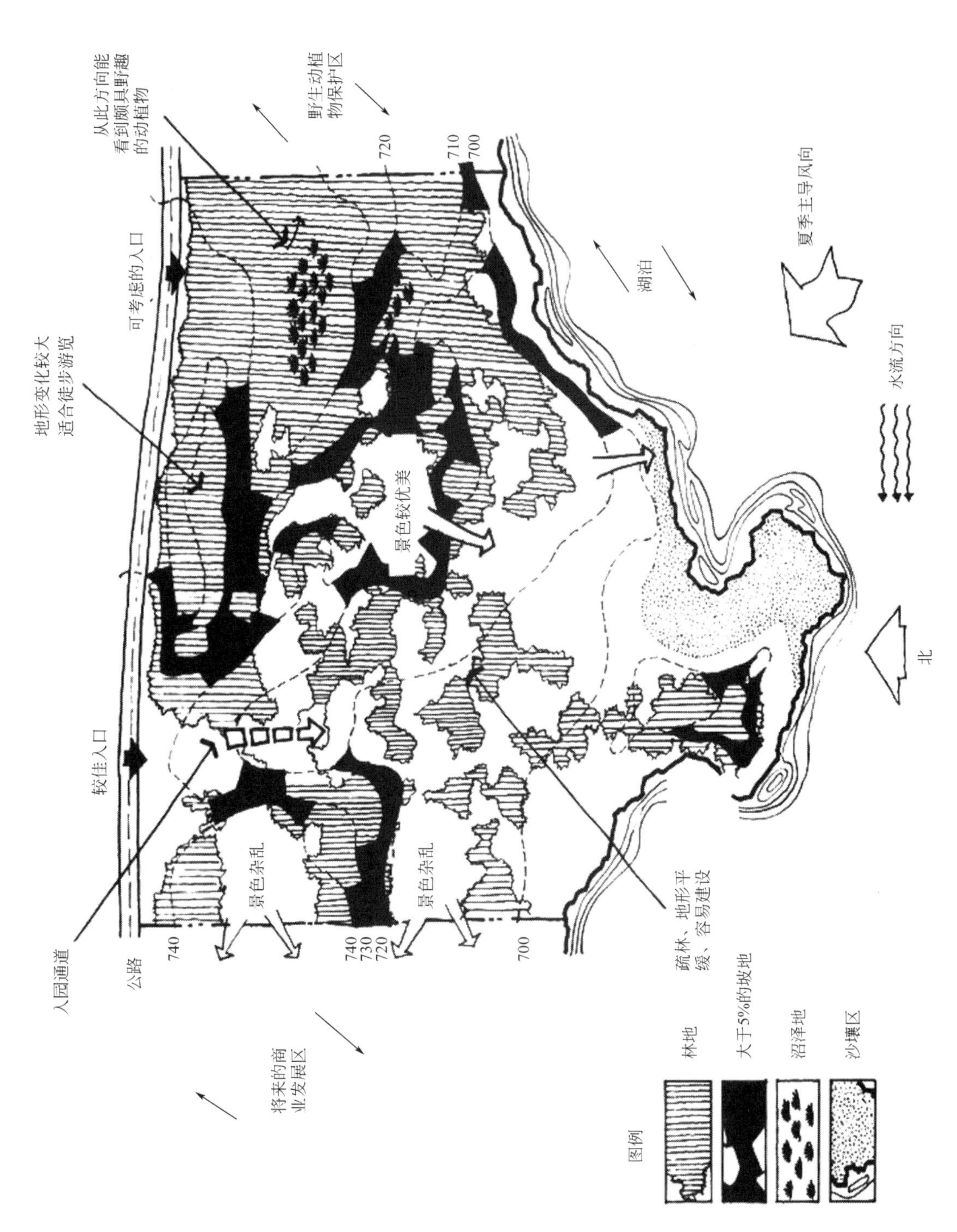

图 1-8 某公园现状分析图

3. 园林要素表示法

（1）地形

地形的高低变化及其分布情况通常用等高线表示。设计地形等高线用细实线绘制，原地形等高线用细虚线绘制，设计平面图中等高线可以不注高程。

（2）水体

水体一般用两条线表示，外面的一条表示水体边界线（即驳岸线），用特粗实线绘制；里面的一条表示常水位线，用细实线绘制。

（3）园林建筑

在大比例图纸中，对有门窗的建筑，可采用通过窗台以上部位的水平剖面图来表示，对没有门窗的建筑，采用通过支撑柱部位的水平剖面图来表示。用粗实线画出断面轮廓，用中实线画出其他可见轮廓。此外，也可采用屋顶平面图来表示（仅适用于坡屋顶和曲面屋顶），用粗实线画出外轮廓，用细实线画出屋面。在小比例图纸中（1：1000以上），只需用粗实线画出水平投影外轮廓线。建筑小品可不画。

（4）山石

山石均采用其水平投影轮廓线概括表示，以粗实线绘出边缘轮廓，以细实线概括绘出皴纹。

（5）园路

园路用细实线画出路缘，对铺装路面也可按设计图案简略示出。

（6）植物

园林植物由于种类繁多，姿态各异，平面图中无法详尽地表达，一般采用“图例”做概括表示，所绘图例应区分出常绿树、落叶树；乔木、灌木、绿篱、花卉、草坪、水生植物等，对常绿植物在图例中应画出间距相等的细斜线进行表示。绘制植物平面图图例时，要注意曲线过渡自然，图形应形象、概括。树冠的大小，要按照成龄以后的树冠大小画，参考表 1-1 所列冠径。

表 1-1　树冠直径　　单位：m

树种	孤立树	高大乔木	中小乔木	常绿大乔木	锥形幼树	花灌木	绿篱
冠径	10～15	5～10	3～7	4～8	2～3	1～3	宽 1～1.5

总平面图参考图 1-9～图 1-13。

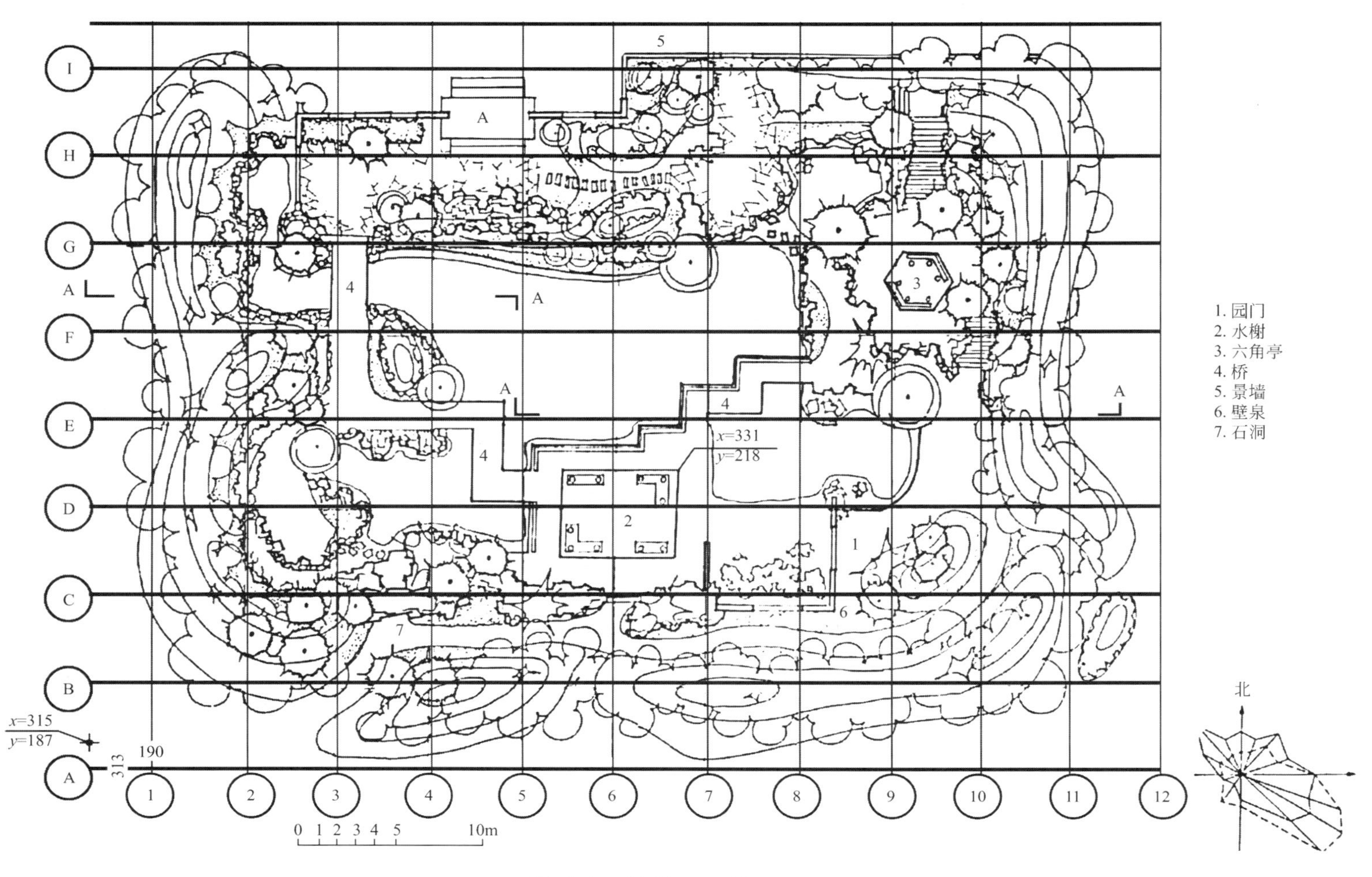

图 1-9 某游园设计平面图

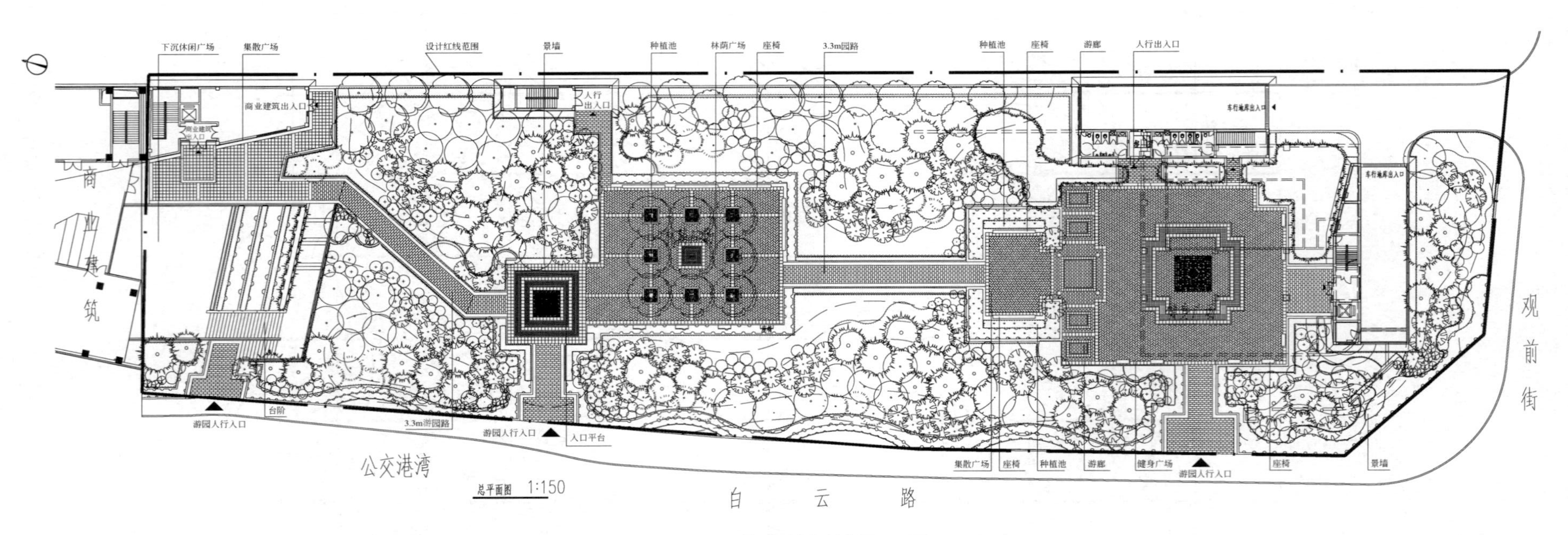

图 1-10 北京某绿地平面图

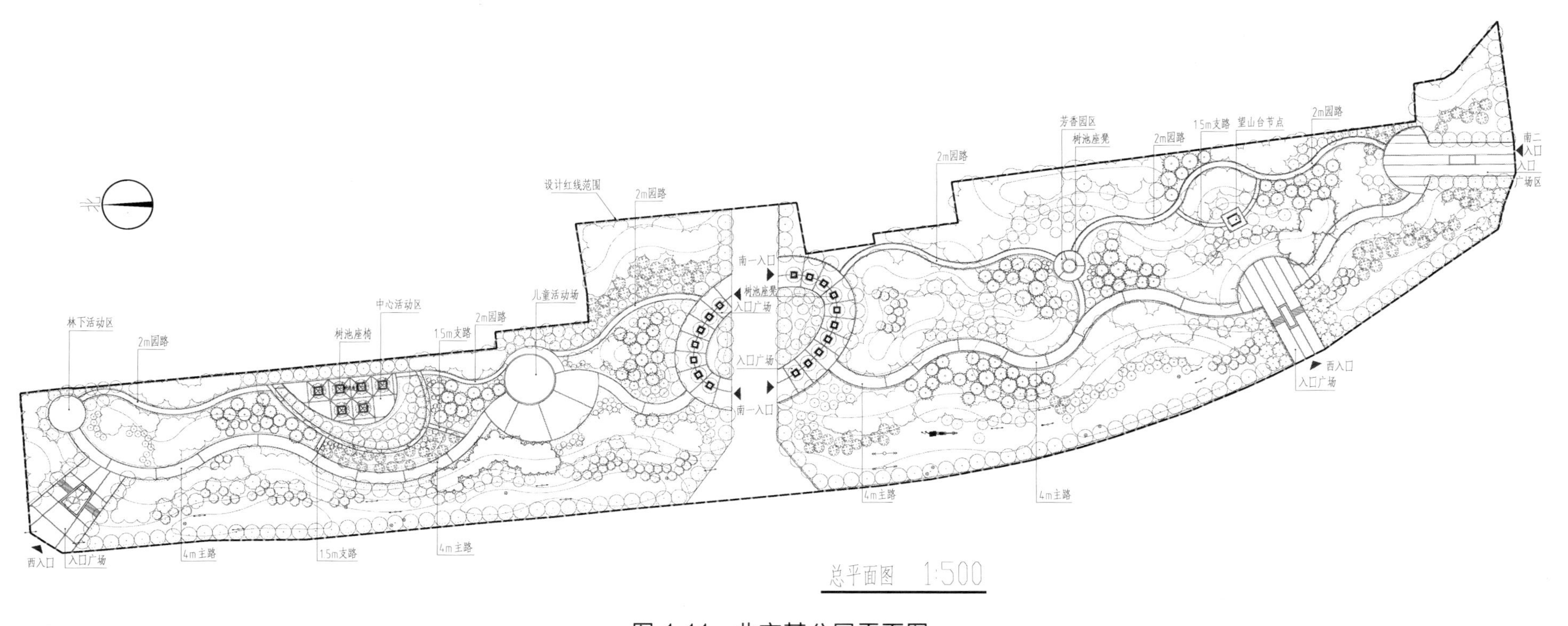

图 1-11　北京某公园平面图

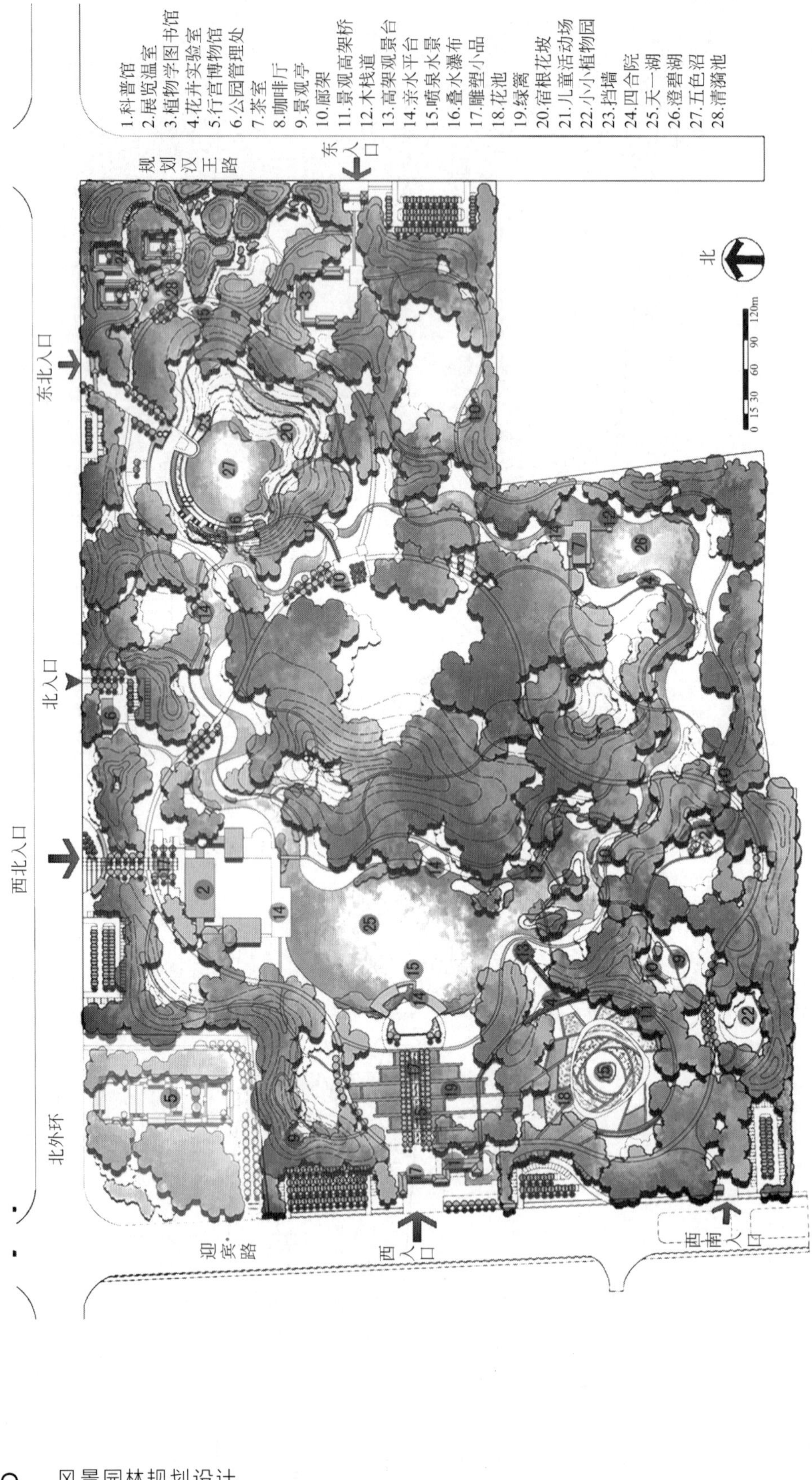

1.科普馆
2.展览温室
3.植物学图书馆
4.花卉实验室
5.行宫博物馆
6.公园管理处
7.茶室
8.咖啡厅
9.景观亭
10.廊架
11.景观高架桥
12.木栈道
13.高架观景台
14.亲水平台
15.喷泉水景
16.叠水瀑布
17.雕塑小品
18.花池
19.绿篱
20.宿根花坡
21.儿童活动场
22.小小植物园
23.挡墙
24.四合院
25.天一湖
26.澄碧湖
27.五色沼
28.清漪池

规划汉王路
东入口
东北入口
北入口
西北入口
北外环
迎宾路
西入口
西南入口
北
0 15 30 60 90 120m

图 1-12 某植物园平面图

N
0
50
100
200m
临潢大街
半支箭河
主入口
旧石器石文化展示
风车
岩画展示
多功能餐厅
苍岩夕照
红山印记
辽代石刻展示
玉龙沙湖
次入口
民族石林
图例
石林
园路
种植
溪河
铺装广场
水面
卵石滩
建筑
冰臼
室内外展区
亲水平台
自然式碎石沙地
芦苇荡
坝
林西路
冰臼地貌
水
河
草原溪河
沙地云杉林
伯
次入口
拜石广场
石艺广场
锡

图 1-13　某公园平面图

（四）竖向设计图

竖向设计图是根据设计平面图及原地形图绘制的地形详图，它借助标注高程的方法，表示地形在竖直方向上的变化情况及各造园要素之间位置高低的相互关系。竖向设计图主要表现地形、地貌、建筑物、植物和园林道路系统的高程等内容。它是设计者从园林的实用功能出发，统筹安排园内各种景点、设施和地貌景观之间的关系，使地上设施和地下设施之间、山水之间、园内与园外之间在高程上有合理的关系所进行的综合竖向设计。竖向设计图包括竖向设计平面图、立面图、剖面图及断面图等。

竖向设计图中应包括以下内容。

（1）线型：设计等高线用细实线绘制，原有等高线和设计等高线在同一张图里，原有等高线用细虚线绘制。等高线上应标注高程，高程数字处等高线应断开，高程数字的字头应朝向山头，数字要排列整齐。假设周围平整地面高程定为 0.00，高于地面为正，数字前“＋”号省略；低于地面为负，数字前应注写“－”号。高程单位为 m，要求保留两位小数。

（2）园林建筑及小品：按比例采用中实线绘制其外轮廓线，并标注出室内首层地面标高。

（3）水体：标注出水体驳岸岸顶高程、常水水位及池底高程。湖底为缓坡时，用细实线绘出湖底等高线并标注高程。

（4）场地内道路（含主路及园林小路）：竖向应标出道路控制点（转折点、交叉点、起点、终点）标高、控制点之间的距离、道路纵坡及坡向。广场按其性质、使用要求、空间组织和地形特点，可设计成多种竖向形式。一个平面的广场，竖向设计形式有单坡、双坡、多坡等多种。广场竖向设计应标出控制点标高，广场排水分水岭线位置、排水坡度、排水方向，绘制广场等高线。

（5）地形：竖向设计，一般是绘制出地形等高线，并在等高线上表示出高程数值，等高距一般为 2.0m、1.0m、0.5m、0.25m、0.10m，等高距设计的大小依据图纸比例确定。

（6）地表排水方向和排水坡度：利用箭头表示排水方向，并在箭头上标注排水坡度。一般排水坡度应标注在坡度线的上方。

（7）指北针、绘图比例。

注：在竖向设计图中，可采用绝对标高或相对标高表示。

竖向设计图参考图见图 1-14～图 1-18。

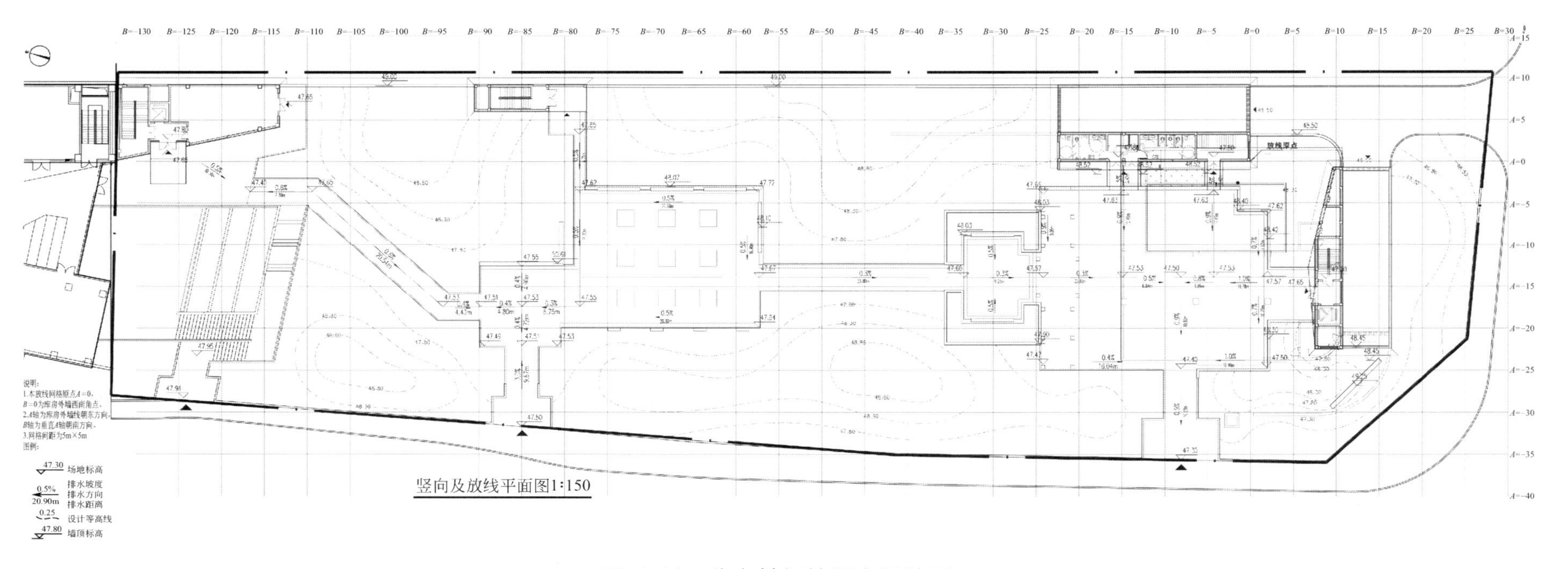

图 1-14　北京某绿地竖向设计图

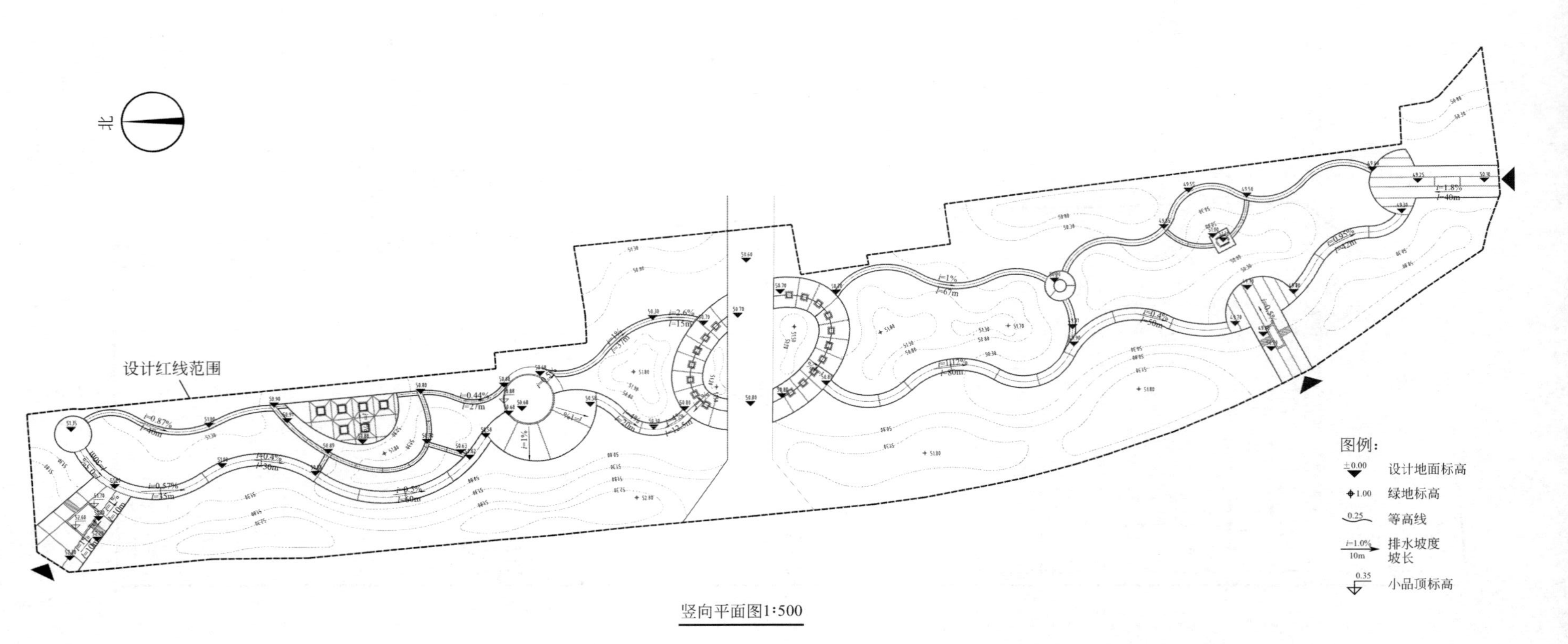

图 1-15　北京某公园竖向设计图

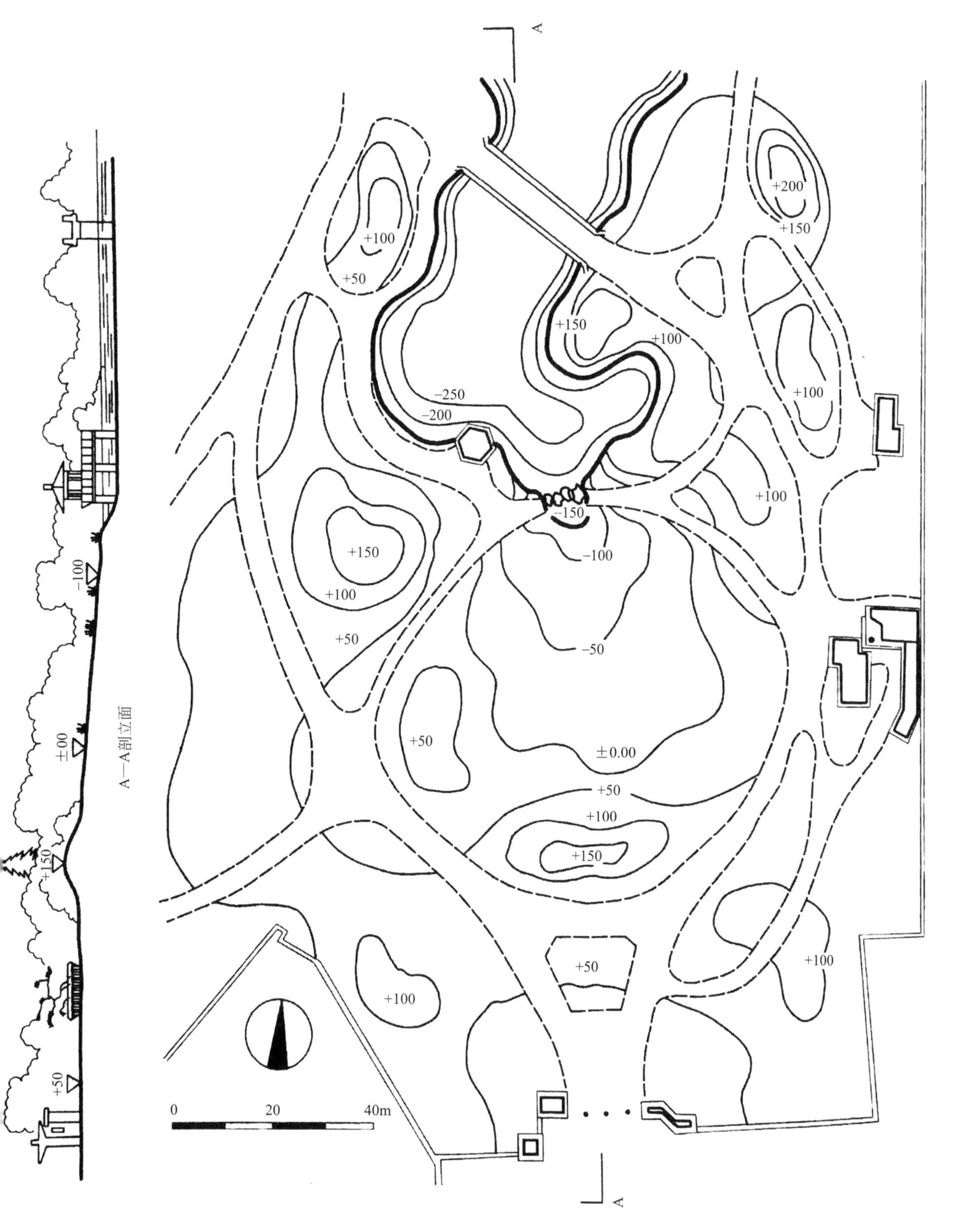

图 1-16　上海天山公园南部地形设计

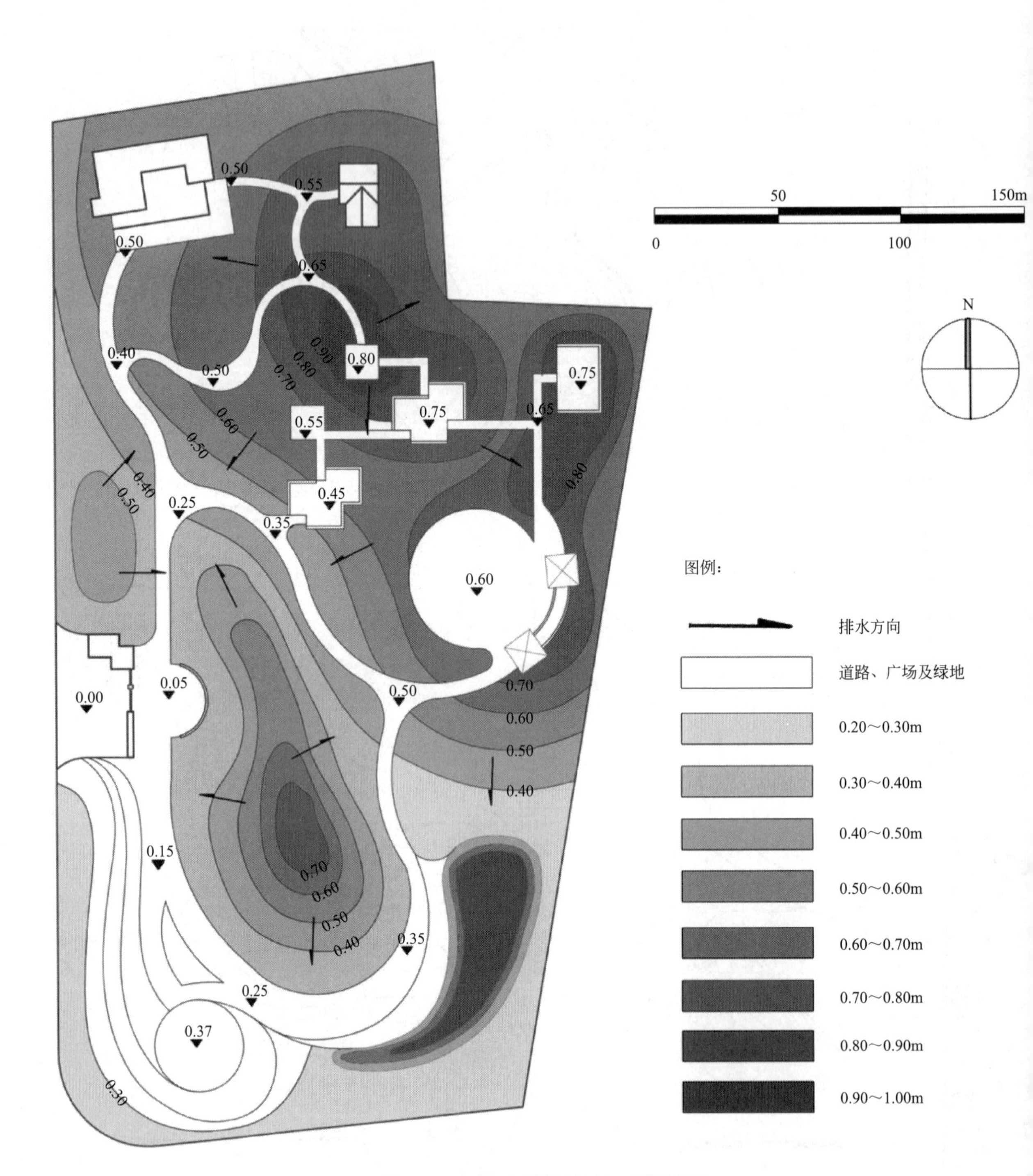

图 1-17 某公园局部地形设计图

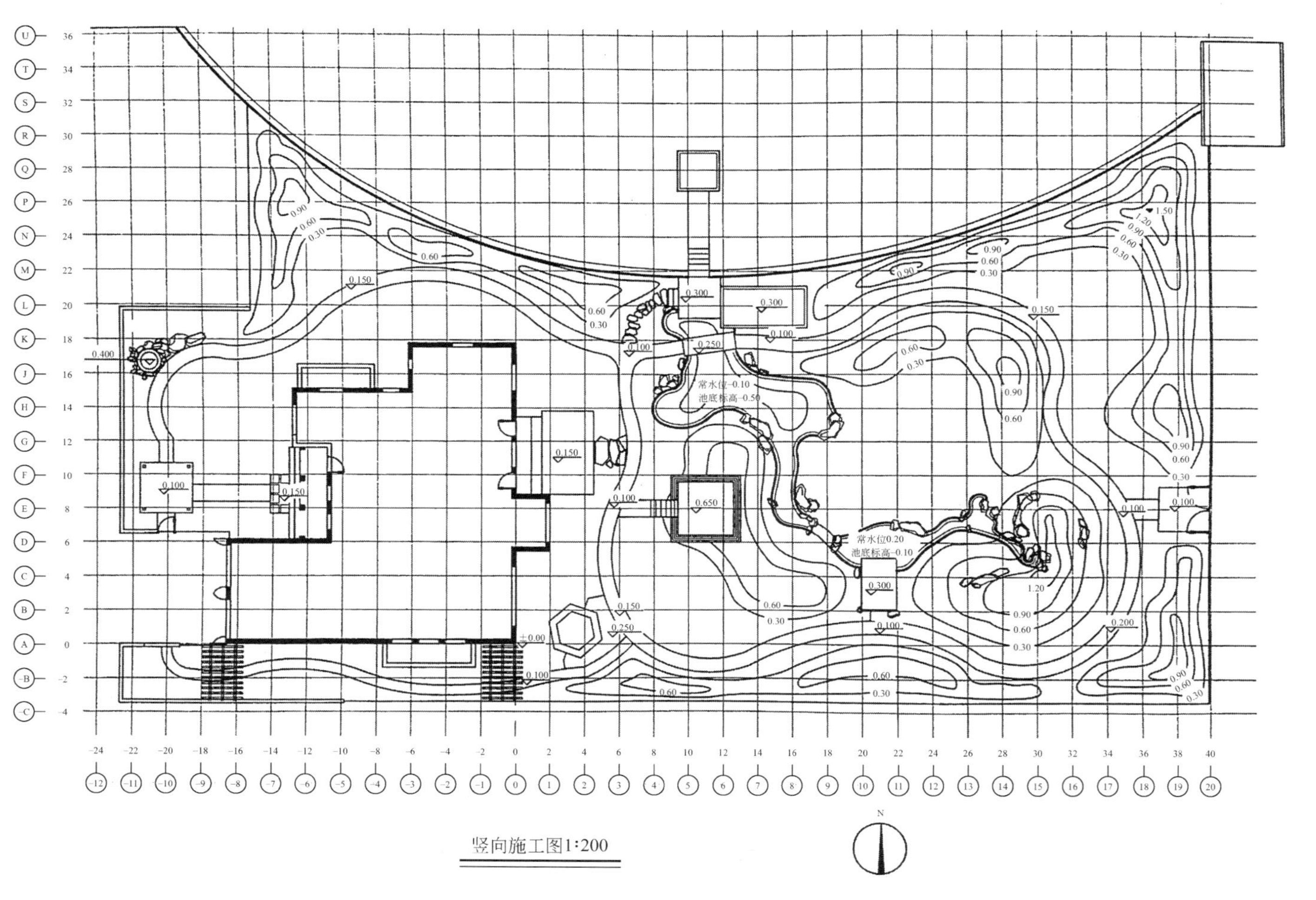

图 1-18　某公园局部竖向设计图

（五）种植设计图

根据总体设计图的布局，设计的原则，以及苗木的情况，确定全园种植设计的总构思。确定种植设计内容主要包括不同种植类型的安排，如密林、草坪、疏林、树群、树丛、孤立树、花坛、花境、园界树、园路树、湖岸树、园林种植小品等内容。还有以植物造景为主的专类园，如月季园、牡丹园、香花园、盆景园、观赏或生产温室、爬蔓植物观赏园、水景园，园林中的花圃、小型苗圃等。同时，确定全园的基调树种、骨干造景树种。

种植设计图要用相应的平面图例在图纸上表示设计植物的种类、数量、规格以及园林植物的种植位置。通常还在图面上适当的位置，用列表的方式绘制苗木统计表，具体统计并详细说明设计植物的编号、图例、种类、规格（包括树干的直径、高度或冠幅）和数量等。

植物种植设计图的绘制要求如下。

1. 设计图的要求

在园林植物种植设计图中，将各种植物平面图中的图例，绘制在所设计的种植位置上，并应以圆点表示出树干的位置，树冠大小按成龄后效果最好时的冠幅绘制，一般乔木以5～6m高度的树冠图标准，灌木、花草以相应尺度来表示。为了便于区别树种，计算株数，应将不同树种统一编号，标注在树冠图例内。或是在图面上的空白处用引线和箭头符号标明树木的种类。同一种树木群植或丛植时可用细线将其中心连接起来统一标注。很多低矮的植物常常成丛栽植，因此，在种植平面图中应明确标出灌木、多年生花卉或二年生花卉的位置和形状，不同种类宜用不同的线条轮廓加以区分。

种植设计图参考图见图1-19、图1-20。

2. 苗木表的要求

（1）苗木表配合图面的植物编号标注，标明植物名称。

（2）写出植物的拉丁学名，避免由于同名异物而造成误解。

（3）规定种植采用的苗木规格、造型要求、种植数量（面积）、密度等。

比较普遍采用的苗木表的格式包括：编号、树种、规格、数量（草本用面积）、密度和备注等内容，少数图纸在苗木表中还包括植物的拉丁学名、植物种植时和后续管理时的形态姿态，植物整形修剪及特殊造型要求等。

苗木表参见图1-21。

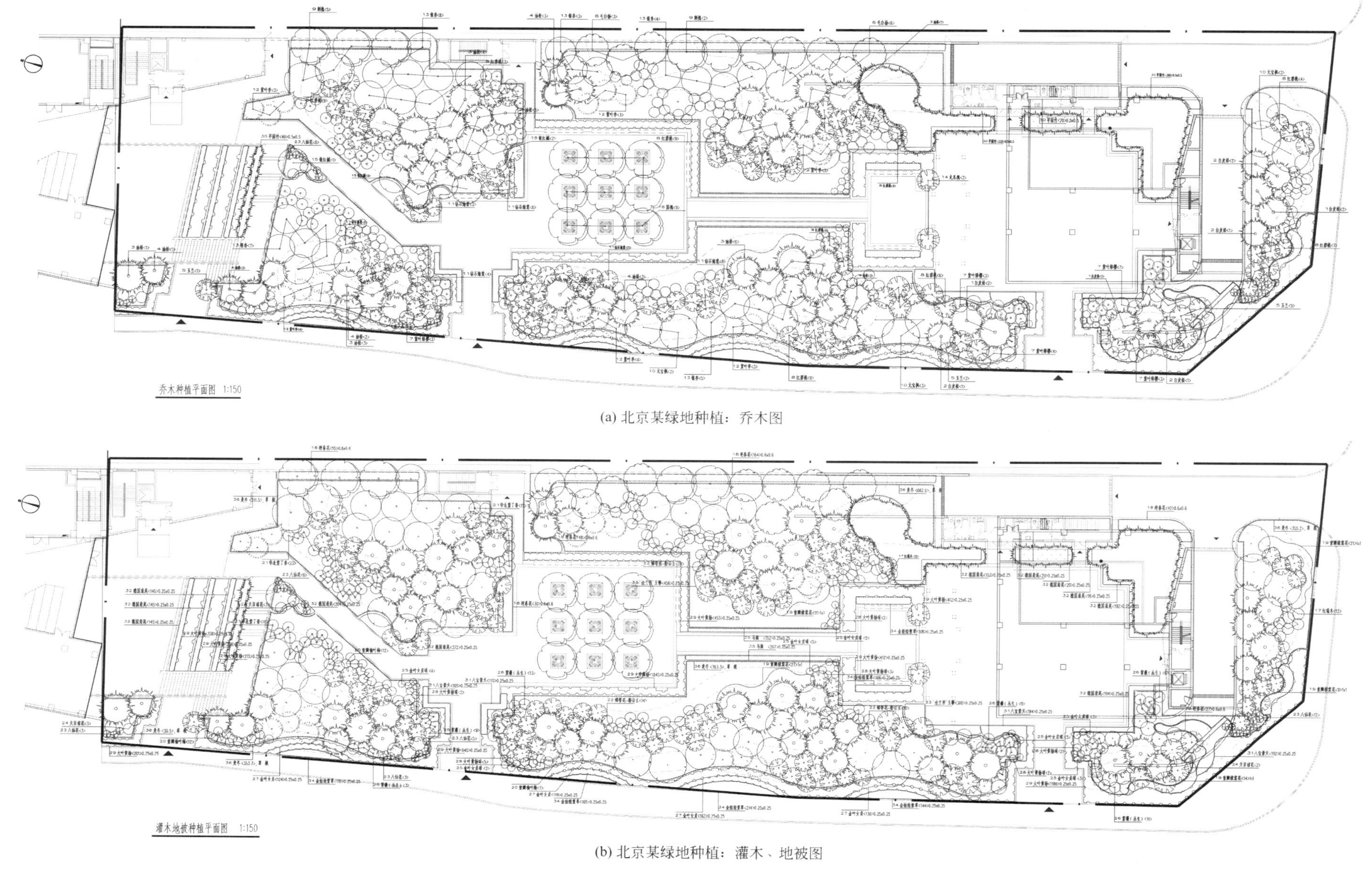

(a) 北京某绿地种植：乔木图

(b) 北京某绿地种植：灌木、地被图

图 1-19 北京某绿地种植设计图

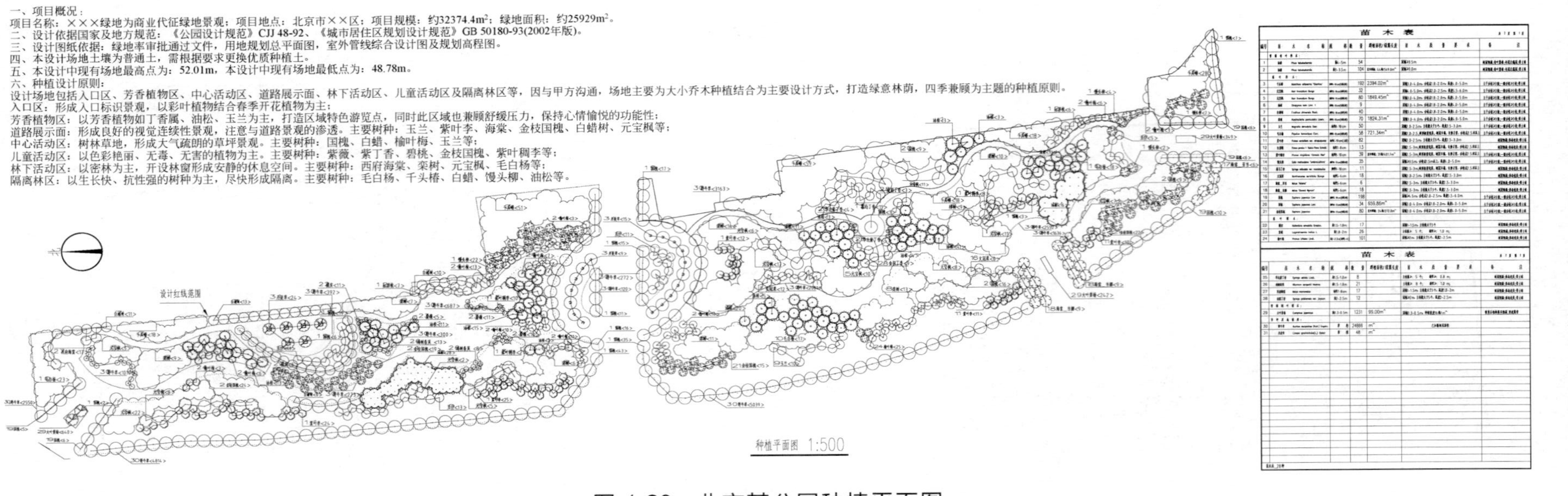

图 1-20 北京某公园种植平面图

苗木表　共2页　第1页

编号	苗木名称	规格	数量	群植面积/绿篱长度	苗木质量要求	备注
	常绿针叶乔木：					
1	白皮松　*Pinus bungeana*	高5～6m	6		冠幅4.5～5cm，树形均称丰满、不偏冠、不断头、分枝点不超过1.2m	树冠饱满：枝叶紧凑：全冠无偏冠：带土球
2	白皮松　*Pinus bungeana*	高4～5m	5		冠幅4.5～5cm，树形均称丰满、不偏冠、不断头、分枝点不超过1.2m	树冠饱满：枝叶紧凑：全冠无偏冠：带土球
3	油松　*Pinus tabulaeformis*	高6～7m	22		冠幅4.5～5cm，树形均称丰满、不偏冠、不断头、分枝点不超过1.2m	树冠饱满：枝叶紧凑：全冠无偏冠：带土球
4	油松　*Pinus tabulaeformis*	高5～6m	21		冠幅4.5～5cm，树形均称丰满、不偏冠、不断头、分枝点不超过1.2m	树冠饱满：枝叶紧凑：全冠无偏冠：带土球
	落叶乔木：					
5	玉兰　*Magnolia denudata Desr.*	地径8～10cm	9		冠幅2.5～3.0m，分支点不高于1.2m	树形挺拔优美、枝条丰满、长势正常、
6	毛白杨　*Populus tomentosa Carr.*	胸径10～13cm(全冠土球)	9		冠幅2.0～2.5m，树形挺拔优美、树冠丰满、长势正常、分枝点2.5m以上	树形挺拔优美、枝条丰满、长势正常、
7	紫叶矮樱　*Prunus x cistena*	地径6～7cm	20		冠幅2.5～3.0m，品种准确、枝条茂盛、树冠优美平展、长势正常	树形挺拔优美、枝条丰满、长势正常、
8	红碧桃　*Prunus persica f. Rubro-Plena Schneid.*	地径7～8cm(全冠土球)	58		冠幅2.5～3.0m，品种准确、枝条茂盛、树冠优美平展、长势正常	树形挺拔优美、枝条丰满、长势正常、
9	刺槐　*Robinia pseudoacacia Linn.*	胸径10～13cm(全冠土球)	7		冠幅3.5～4.0m，枝条茂盛、树冠丰满、长势正常，分枝点2.5m以上	树形挺拔优美、枝条丰满、长势正常、
10	元宝枫　*Acer truncatum*	胸径10～13cm(全冠土球)	8		冠幅3.0～3.5m，枝条茂盛、树冠丰满、长势正常，分枝点2.5m以上	树形挺拔优美、枝条丰满、长势正常、
11	钻石海棠　*Malus cv. Sparkler*	地径7～8cm(全冠土球)	38		冠幅2.5～3.0m，品种准确、树形优美饱满，枝条茂盛	长势正常、修剪得当
12	紫叶李　*Prunus cerasifera var. atropurpurea*	地径8～10cm	20		冠幅2.5～3.0m，树形优美饱满，枝条茂盛、长势正常、修剪得当	长势正常、修剪得当
13	银杏　*Ginkgo biloba Linn.*	胸径20～25cm(全冠土球)	27		冠幅2.5～3.0m，分枝点2.5m以上，不少于7层轮生枝	树形挺拔优美、树冠丰满、长势正常，
14	龙爪槐　*Sophora japonica Linn. var. pendula loud.*	胸径10～13cm(全冠土球)	2		冠幅2.5～3.0m，树形均称丰满、不偏冠、不断头、分枝点2m以上	树形挺拔优美、枝条丰满、长势正常、
15	银红槭　*Acer x freemanii*	胸径10～13cm(全冠土球)	7		冠幅3.0～3.5m，分枝点2.5m以上，树冠丰满	品种准确、树形挺拔优美、长势正常，
16	国槐　*Sophora japonica*	胸径18～20cm(全冠土球)	9		冠幅3.5～4.0m，枝条茂盛、树冠丰满、长势正常，分枝点2.5m以上	品种准确、树形挺拔优美、长势正常，
	落叶灌木：					
17	红瑞木　*Cornus alba Linn.*	高1.2～1.5m	24		冠幅不小于1.2m，底部8～10分枝/株	枝干粗壮、颜色鲜艳、长势正常，
18	迎春花　*Jasminum nudiflorum Lindl.*	高0.8～1m	366	132.70m²	冠幅0.4～0.5m，每丛5分枝以上、枝条丰满、长势正常	枝干粗壮、颜色鲜艳、长势正常，
19	重瓣棣棠花　*Kerria japonica f.pleniflora Rehd.*	高1～1.2m	82	84.41m²	蓬径0.3～0.4m，长势良好、枝干粗壮，底部8～10分枝/株	枝干粗壮、颜色鲜艳、长势正常，
20	重瓣榆叶梅　*Prunus triloba var. plena*	高1～1.2m	31		冠幅不小于2m，地径不小于6cm、修剪得当	品种准确、树形优美饱满、枝条茂盛
21	华北紫丁香　*Syringa oblata Lindl.*	高1.2～1.5m	56		冠幅1.2～1.5m，枝条丰满、长势正常，底部5～8分枝/株	品种准确、树形优美饱满、枝条茂盛
22	锦带花-粉公主　*Weigela florida' Pink Princess'*	高1～1.2m	53		冠幅1.2～1.5m，枝条丰满、长势正常，底部5～8分枝/株	品种准确、树形优美饱满、枝条茂盛
23	八仙花　*Hydrangea macrophylla*	高0.8～1m	29		冠幅0.6～0.8m，每丛3分枝以上、枝条丰满、长势正常	品种准确、树形优美饱满、枝条茂盛

苗木表　共2页　第2页

编号	苗木名称	规格	数量	群植面积/绿篱长度	苗木质量要求	备注
25	金叶女贞球　*Ligustrum x Vicaryi*	高0.8～1m	28		剪后冠幅1.0m，品种准确，枝条茂盛，长势正常，修剪得当	长势正常，修剪得当
26	紫薇(丛生)　*Lagerstroemia indica L.*	高1.2～1.5m	50		冠幅1.2～1.5m，枝条丰满、长势正常，不少于三主枝	树形挺拔优美、枝条丰满、长势正常
27	金叶女贞　*Ligustrum x Vicaryi*	高0.5～0.8m	535	33.61m²	修剪后植株整齐，形成篱带	树形挺拔优美、枝条丰满、长势正常
	常绿阔叶灌木：					
28	大叶黄杨球　*BuxusmegistophyllaLévl?*	高1～1.2m	16		剪后冠幅1.2m，品种准确，枝条茂盛，长势正常，修剪得当	长势正常，修剪得当
29	大叶黄杨　*Euonymus japonicus*	高0.5～0.8m	6045	378.17m²	长势良好，枝干粗状，每株不少于3分枝	长势正常，修剪得当
	竹类：					
30	早园竹　*Phyllostachys propinqua McClure*	高2.5～3m	837	墩.209.75m²，根/墩	9墩/m²，3～4芽/墩	品种准确，长势茂盛，无病虫害
	花卉及水生类：					
31	八宝景天　*Sedum spectabile Boreau*	见苗木质量要求	596	丛.37.38m²，芽/丛	高30～40cm	品种准确，长势茂盛，无病虫害
32	德国鸢尾　*Iris germanica*	见苗木质量要求	1608	丛.100.85m²，芽/丛	高40～60cm	品种准确，长势茂盛，无病虫害
33	'法兰西'玉簪　*Hosta' Francee'*	见苗木质量要求	756	丛.47.31m²，芽/丛	高30～40cm	品种准确，长势茂盛，无病虫害
34	金娃娃萱草　*Hemerocallis fuava*	见苗木质量要求	785	丛.49.33m²，芽/丛	高30～40cm	品种准确，长势茂盛，无病虫害
35	马蔺　*Iris lactea var. chinensis*	见苗木质量要求	359	丛.22.47m²，芽/丛	高40～60cm	品种准确，长势茂盛，无病虫害
	草坪及地被类：					
36	麦冬　*Ophiopogon japonicus*	草根	2676.8	m²		

（六）分析图

在设计的不同阶段，分析图的作用和目的也不同。通过图示分析可以更清楚地了解各种因素的空间关系，将繁多的现状条件梳理清楚并找出重点，为推进设计服务，使读图者可以深入了解设计意图和思路，迅速领会方案构思。所以分析图要非常清晰、概括地展示方案的优点和特征，并注意以下事项。

（1）简明扼要，以最简练的图示语言表达出方案的框架结构，突出特点、优点，并彰显方案的合理性。

（2）图形工整，图例恰当并有明确的图例说明。

（3）色彩鲜明，能明显区分不同的元素，可以加绘阴影或三维画法，增加视觉吸引力。

（4）分项说明。每张分析图上以一项或两项内容为主，背景应适当减弱和简化。底图的简繁应得当，太繁无法突出主要因素且比较耗时，太简单则交代不清，不能表达主要的内容。

从形式上来说，分析图不仅可以通过平面图表达，还可以有剖面或三维形式（如轴测图和透视图）的分析图，甚至根据元素不同分层表达。从组织上来说，平面分析图之间不仅可以是常见的平行并列关系，也可以是工作历程和思考轨迹的连续性、叙事性表达。

常见的分析图包括功能分区图、景观结构分析图、景区景点分析图、道路交通分析图、视线分析图等。

1. 功能分区图

功能分区就是将具有相同或相似性质的活动区域设置到一起，从而满足基地的基本功能定位以及不同人群的使用需求。比如公园设计中就要有儿童活动区、老年人活动区、体育活动区，便于使用者进行活动，从而形成互动和交流。在景观设计中，不仅要考虑功能如何进行分区，也要考虑功能区之间如何进行叠加。

功能分区规划的依据主要是根据基地的自然条件，如地形、土壤状况、水体、原有植物、已经存在并要保留的建筑物或历史遗迹、文物情况等，尽可能地“因地、因时、因物”而“制宜”，结合各功能分区本身的特殊要求以及各区之间的相互关系、公园与周围环境之间的关系进行分区规划；还要根据该用地的性质和内容，游人在园内设施上的多种多样游乐活动、活动内容，使项目与设施的设置满足各种不同的功能、不同年龄人们的爱好和需要。基地的周边环境决定着周边人群活动的需求，人群活动的需求很大程度决定着景观功能的定位，如中心商业区服务的人群主要是过街的路人、公司的白领、购物的人群，从而功能定位要考虑人群的集散与休息；居住区和生活区的景观设计，则应考虑居住区、生活区里的老人、儿童，以及邻里之间的生活需求。

功能分区的原则：(1) 动静原则；(2) 公共和私密原则；(3) 开放与封闭原则。

功能分区的类型：综合服务区、休闲游憩区、集会表演区、娱乐活动区、儿童活动区、老年人活动区、体育健身区、亲子活动区、水上活动区、安静游览区、文娱教育区、中心活动区、生态休闲区、室外展示区、文化体验区、休闲度假区等。

功能分区图属于示意说明的性质，可以用抽象图形或圆圈等图案予以表示。

功能分区图如图 1-22～图 1-24 所示。

2. 景观结构分析图

景观结构是景观的组成和要素在空间上的排列和组合形式，表达设计中景观节点之间的构成关系，以及局部与整体的关系，景观结构是设计的骨架。

通常景观结构由“入口＋道路＋节点”构成。三个要素之间是动态调整的过程：入口的位置决定了道路的位置，所以说入口对景观结构起着至关重要的作用，景观道路通常会构成景观轴线，景观轴线上又通常会连接有重要的景观节点，如果设计中有水系的存在，则水系、道路、景观节点之间又会产生密切的联系，这些都是在确定景观结构前需要仔细考虑的内容。

景观结构的构思原则包括以下几点：

(1) 主入口通常设置在人流量比较大的地方，便于人群进入；(2) 绿地内部的道路参照基地周边的道路系统，与周边的道路平行或垂直，使之符合城市的肌理；(3) 善用对景，利用对景的方法形成虚轴；(4) 景观节点有主次，通常主节点与景观的主轴具有密切的联系；(5) 景观结构要有一定的秩序感（轴线控制）；(6) 景观轴线对于空间的整体性和秩序性起到关键的作用，可以统领全局，控制空间结构。

景观结构分析图参考图见图 1-25～图 1-27。

3. 景区景点分析图

按规划设计意图，根据游览需要，组成一定范围的景观区域，形成各种风景环境和艺术范围，以此划分成不同的景区，称为景区划分。

景区的划分要使基地内的风景与功能使用要求配合，增强功能要求的效果；但景区不一定与功能分区的范围完全一致，有时需要交错布置，常常是一个功能区中包括一个或更多个景区，形成一个功能区中有不同的景色，使得景观有变化、有节奏，生动有趣，以不同的景色给游人以不同情趣的艺术感受。景观分区的形式一般有以下几类。

(1) 按景区环境的感受效果划分景区

① 开朗的景区：宽广的水面、大面积的草坪、宽阔的铺装广场，往往都能形成开朗的景观，给人以心胸开阔、畅快怡情的感觉，是游人较为集中的区域。

② 雄伟的景区：利用挺拔的植物、陡峭的山形、耸立的建筑等形成雄伟庄严的气氛。

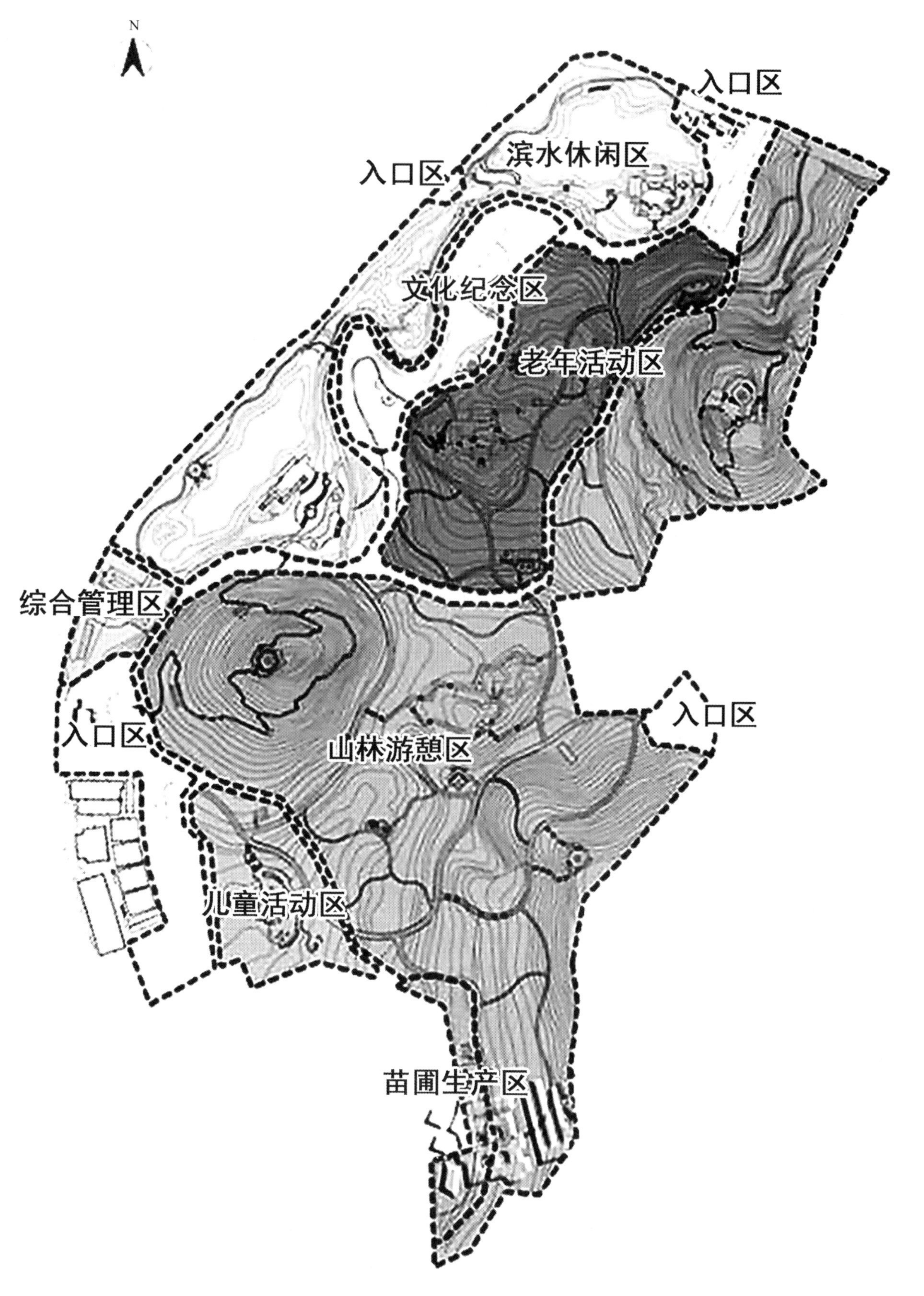

图 1-22 漳州市芝山公园二期功能分区图

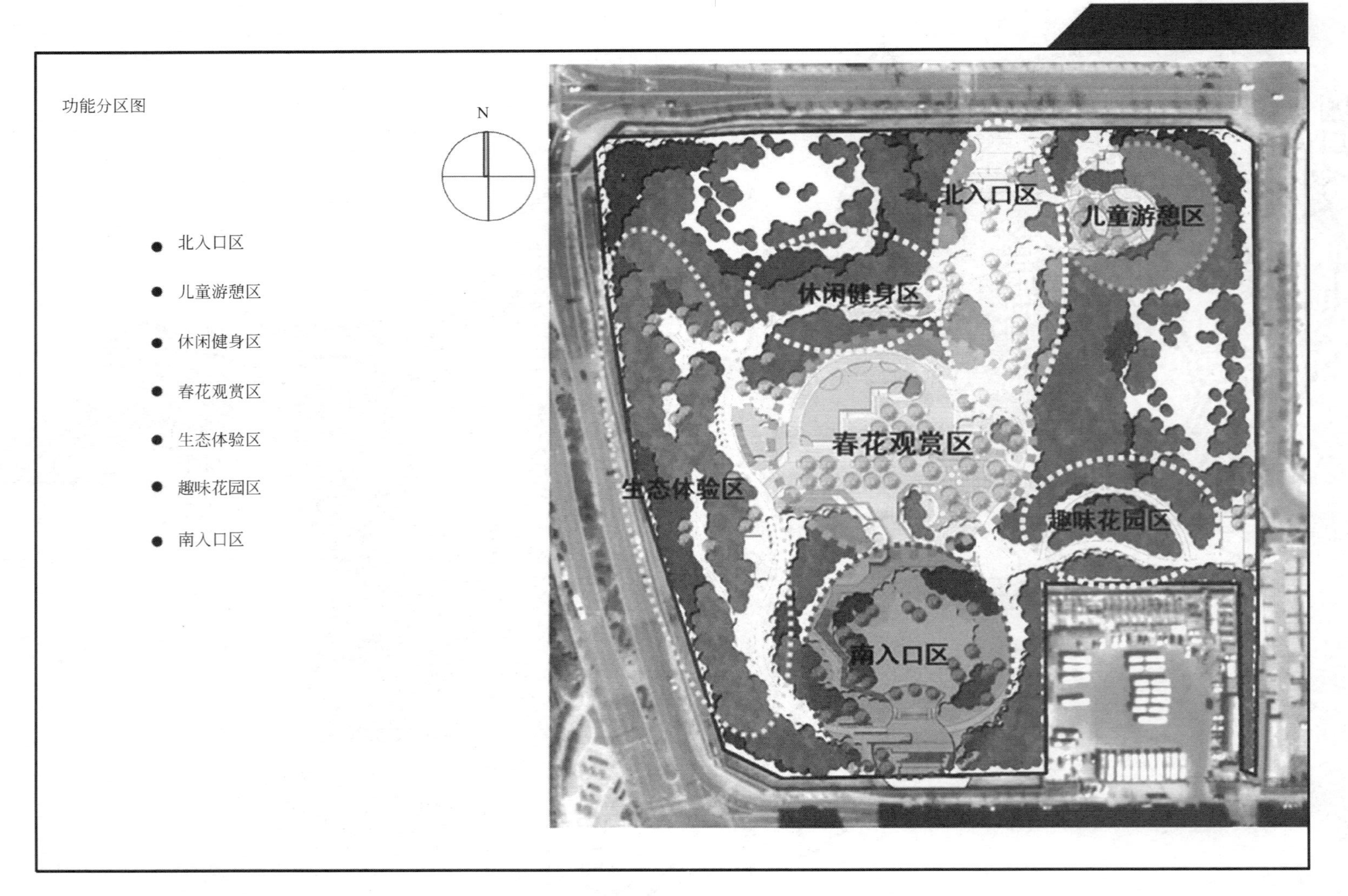

图 1-23　某公园功能分区图

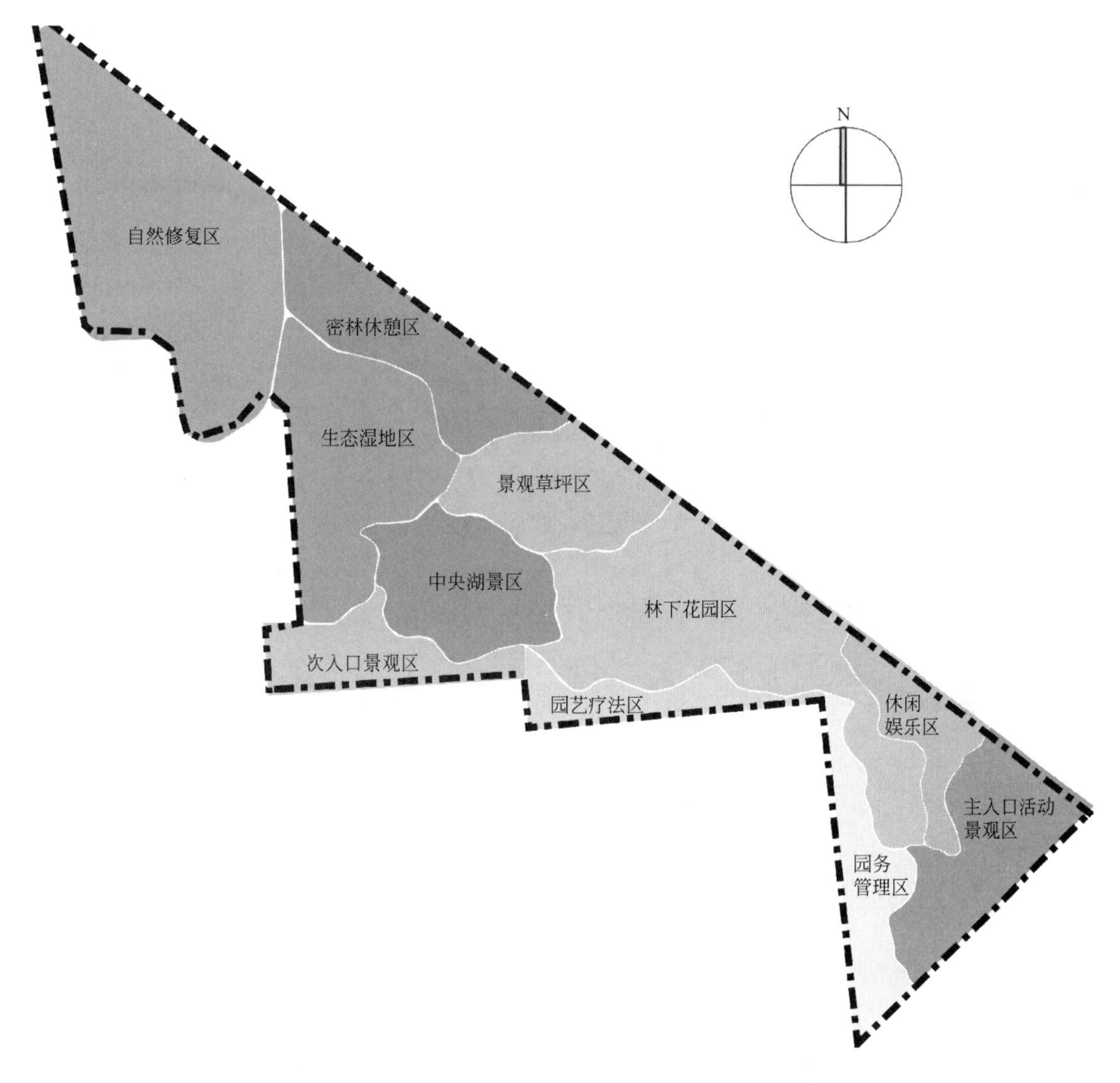

图 1-24　廊坊市某公园功能分区图（自绘）

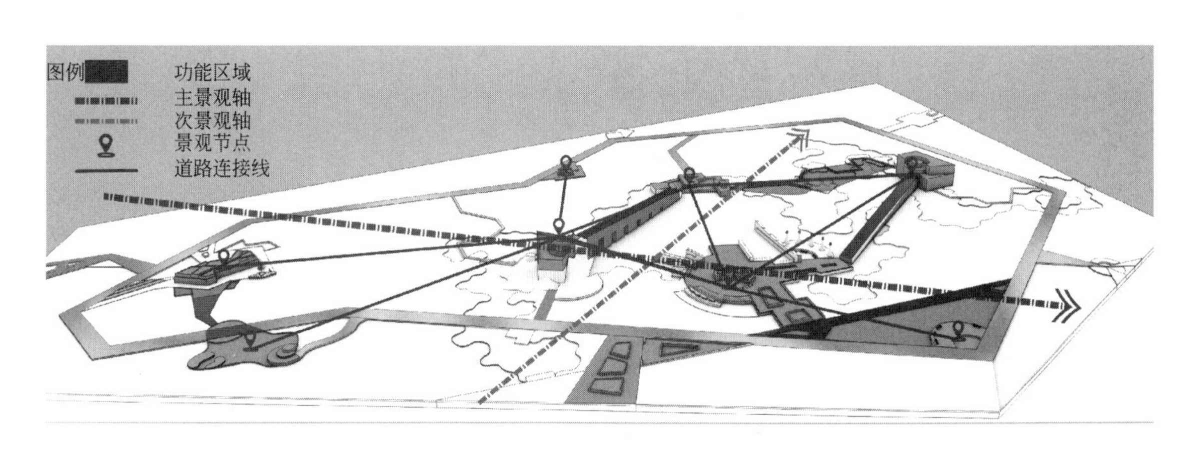

图 1-25　某公园景观结构分析图（轴测法）

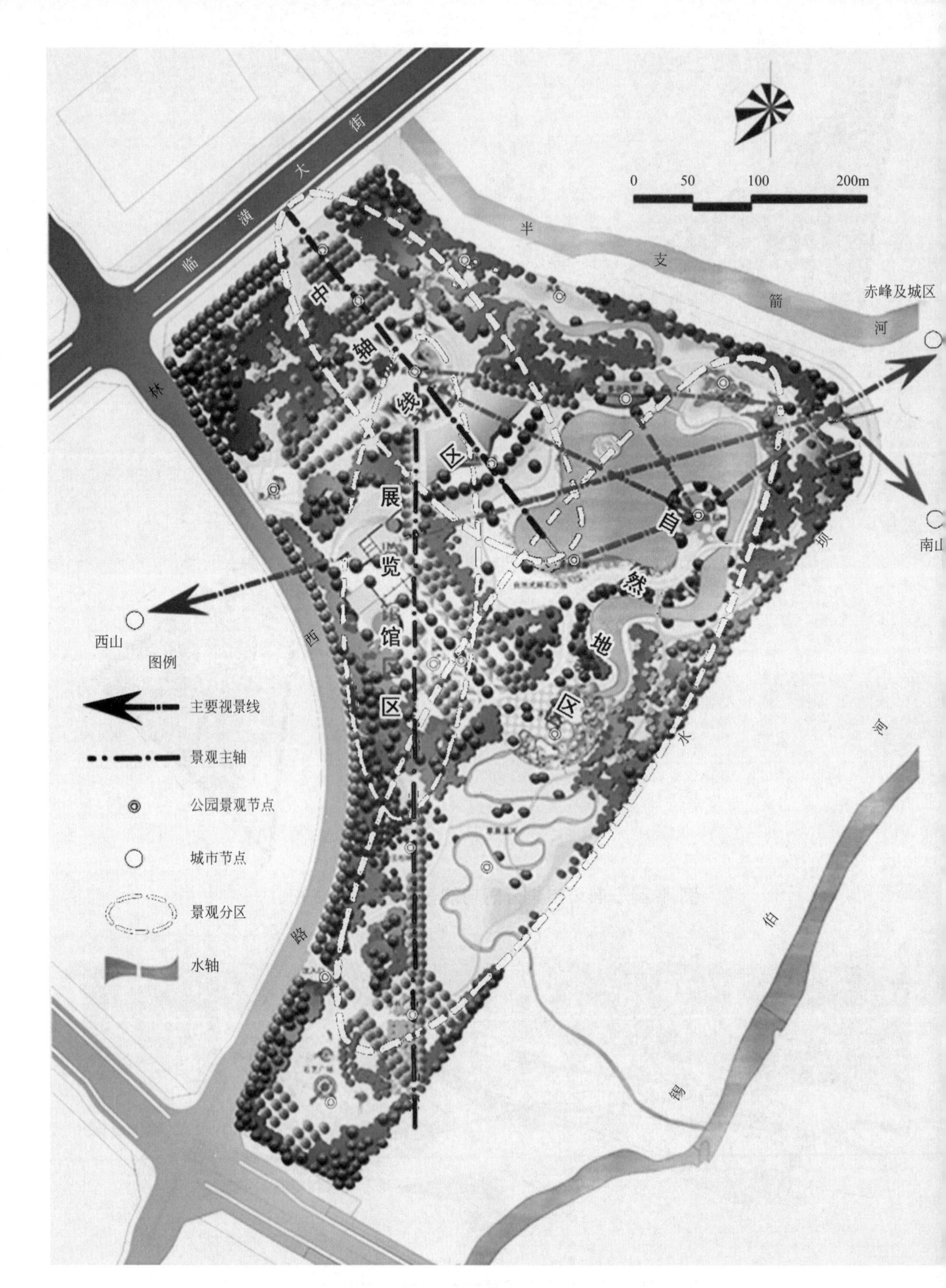

图 1-26　某公园景观结构分析图

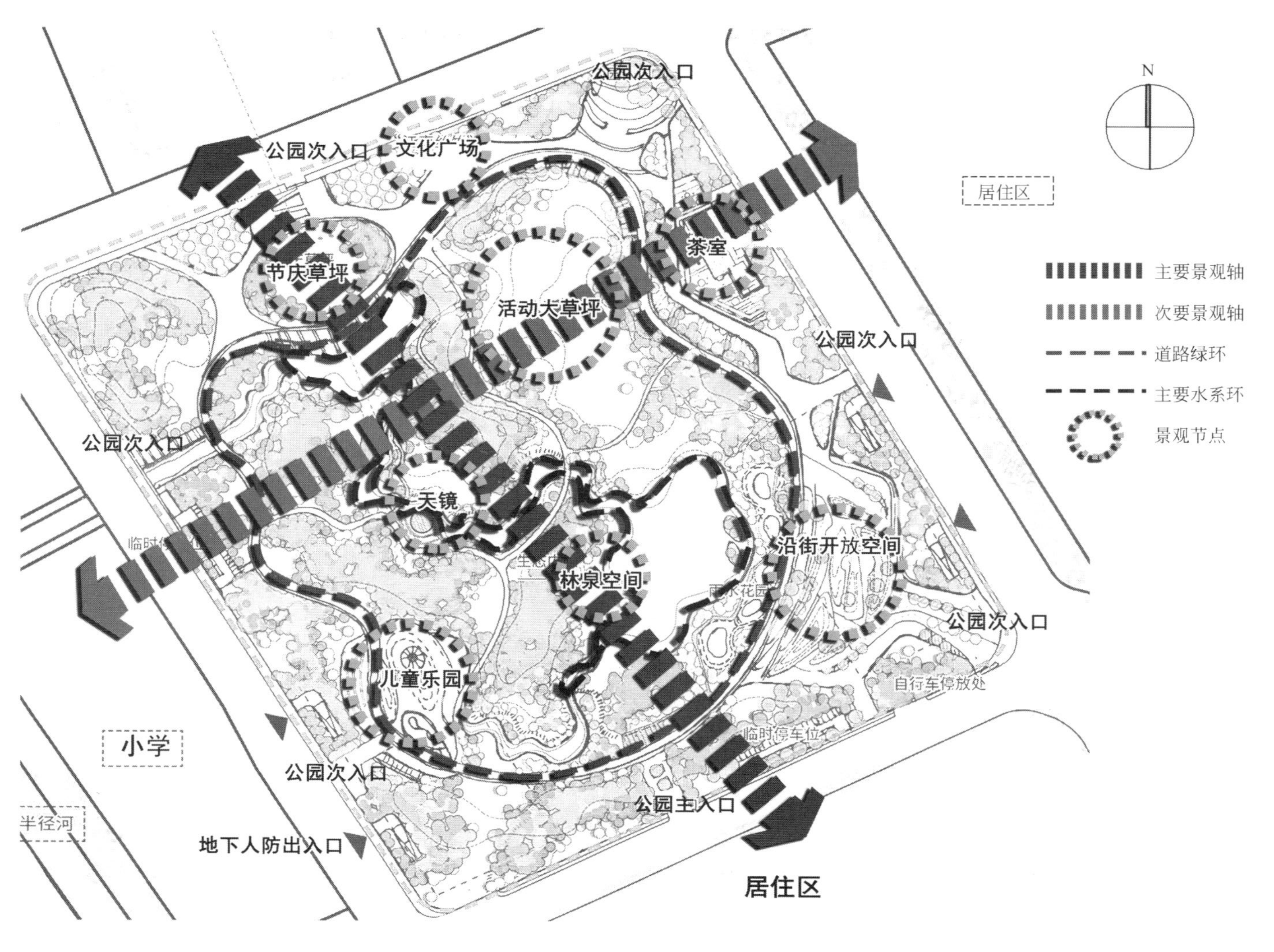

图 1-27　某公园景观结构分析图（自绘）

③ 清静的景区：利用四周封闭而中间空旷的地段，形成安静的休息环境，如林间隙地、山林空谷等，使游人能够安静地欣赏景观或进行较为安静的活动。

④ 幽深的景区：利用地形的变化、植物的隐蔽、道路的曲折、山石建筑的障隔和联系，形成曲折多变的空间，达到幽静深邃的境界。

(2) 按不同季节季相组织景区

景区主要以植物的季相变化为特色进行布局规划，一般根据春花、夏荫、秋叶、冬干的植物四季特色分为春景区、夏景区、秋景区、冬景区，每个景区都选取有代表特色的植物作为主景观，综合其他植物种类进行规划布局，四季景观特色明显，是常用的一种方法。

(3) 以不同景观特征进行划分

以不同景观特征进行划分，可以分为山林景区、滨水景区、溪谷景区、疏林草地景区、田园景区等等。

(4) 以不同的造园材料和地形为主构成景区

以不同的造园材料为主构成的景区，往往以园中园的形式出现。

① 假山园。以人工叠石为主，突出假山造型艺术，配以植物、建筑、水体。在我国古典园林中较多见。

② 水景园。利用自然的或模仿自然的河、湖、溪、瀑而人工构筑的各种形式的水池、喷泉、跌水等水体构成的风景。

③ 岩石园。以岩石及岩生植物为主，结合地形选择适当的沼泽、水生植物，展示高山草甸、牧场、碎石陡坡、峰峦溪流、岩石等自然景观。

另外，还有其他一些有特色的景区，如山水园、沼泽园、花卉园、树木园等，这些都可结合整体布局立意进行设置。

在我国传统园林中常常利用意境的处理方法来形成景区特色，一个景区围绕一定的中心思想内容展开，包括景区内的地形布置、建筑布局、建筑造型、水体规划、山石点缀、植物配置、匾额对联的处理等，如圆明园的40景、避暑山庄的72景都是成功的范例。现代一些园林设计同样也可以借鉴其中的一些手法，结合较强的实用功能进行景区的规划布局。

景区景点分析图参考图见图1-28～图1-30。

4. 道路交通分析图

首先，在图上确定公园的主要出入口、次要入口与专用入口，还有主要广场的位置及主要环路的位置，以及作为消防的通道。同时确定主干道、次干道等的位置以及各种路面的宽度。并初步确定主要道路的路面材料，铺装形式等。图纸上用虚线画出等高线，再用不同的粗线、细线表示不同级别的道路及广场，并将主要道路的控制标高注明。

公园的道路系统一般为3级（参考《城市公园设计规范》中的相关规定），通常包括以下几种类型。

(1) 主干道：或称主路，是全园主要道路，联系着各大景区、功能区、活动设施集中点以及各景点。通过主干道对园内外的景色进行分析安排，以引导游人欣赏景色。

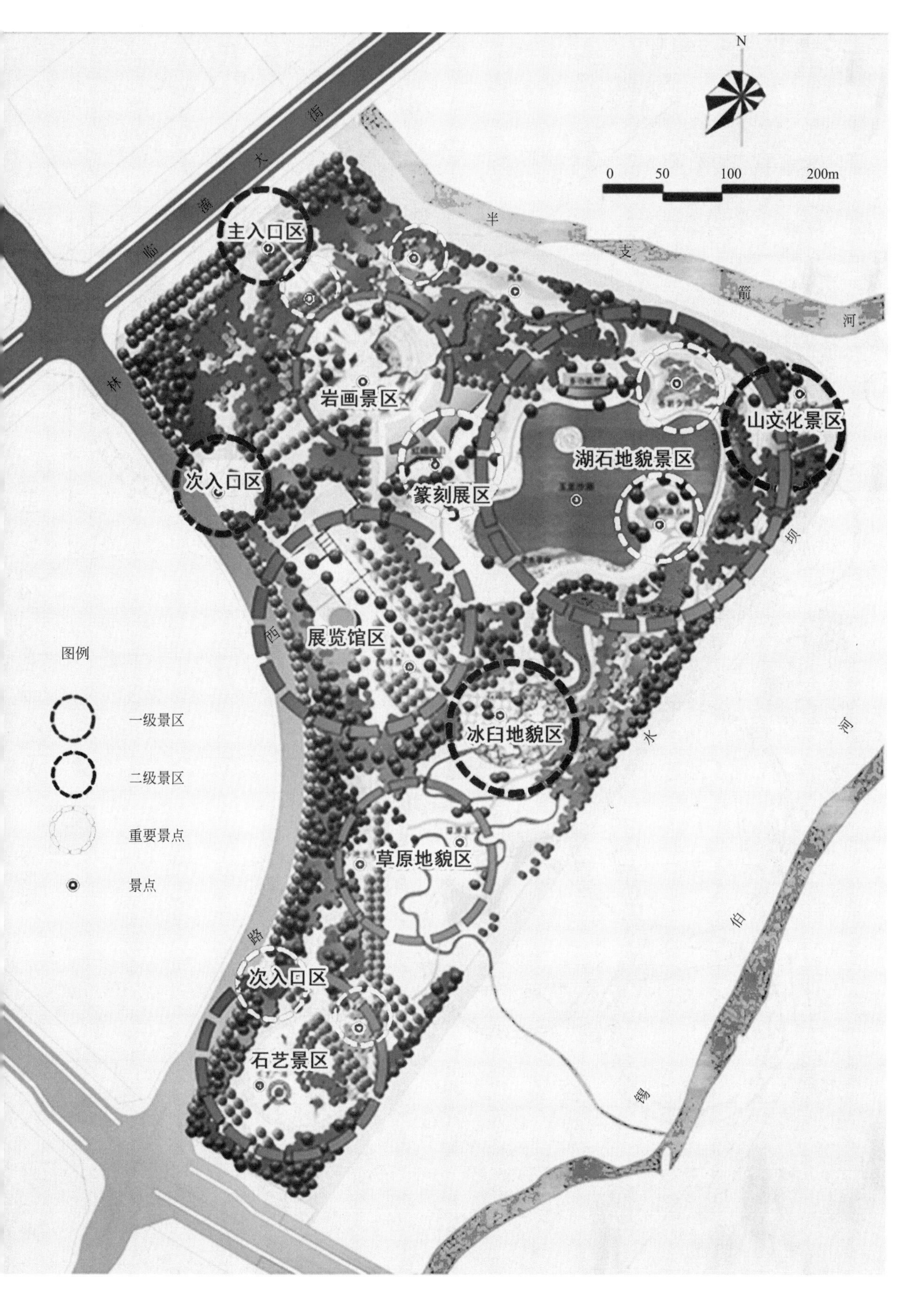

图 1-28　某公园景区景点分析图

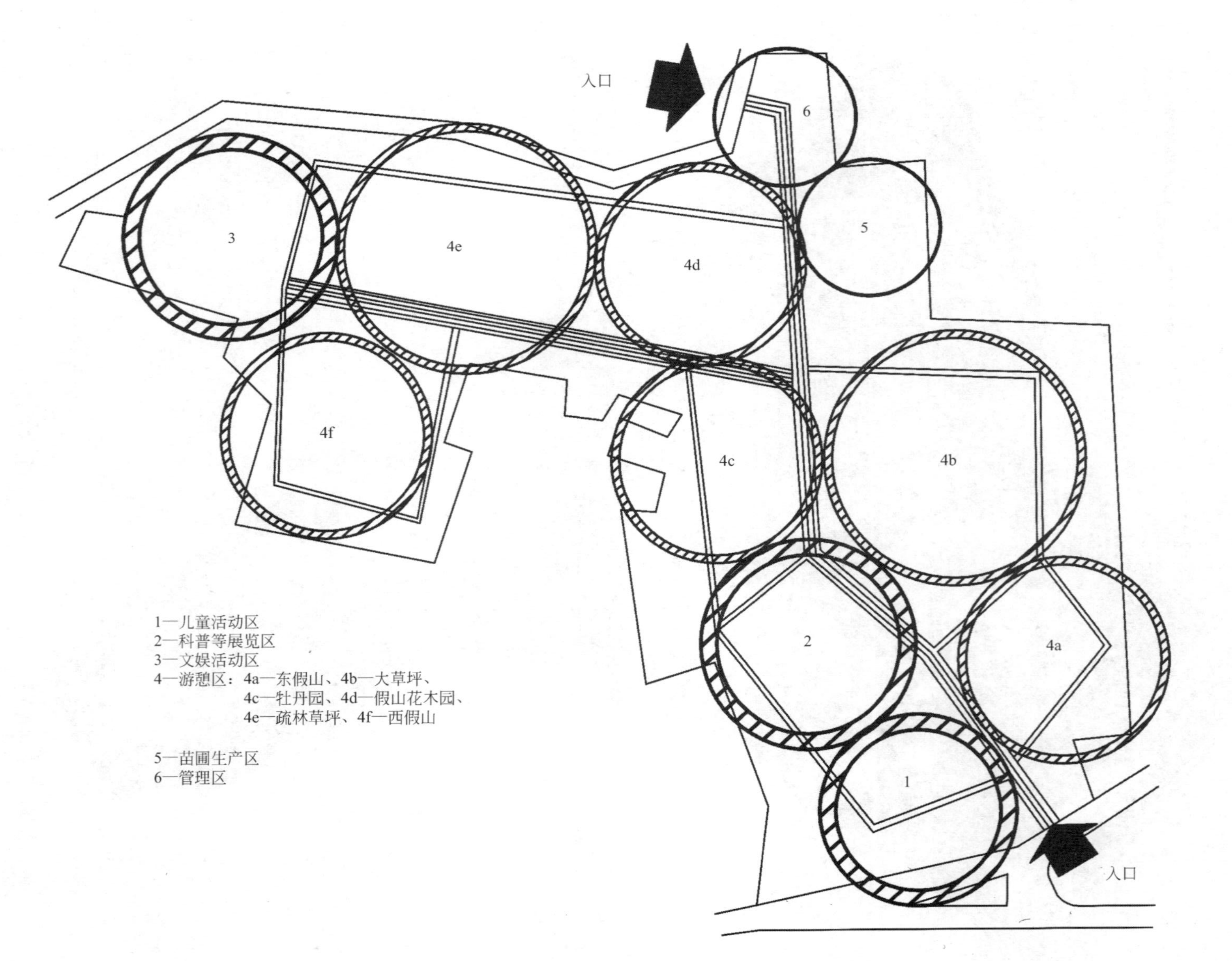

图 1-29　上海中山公园功能及景区景点分析图

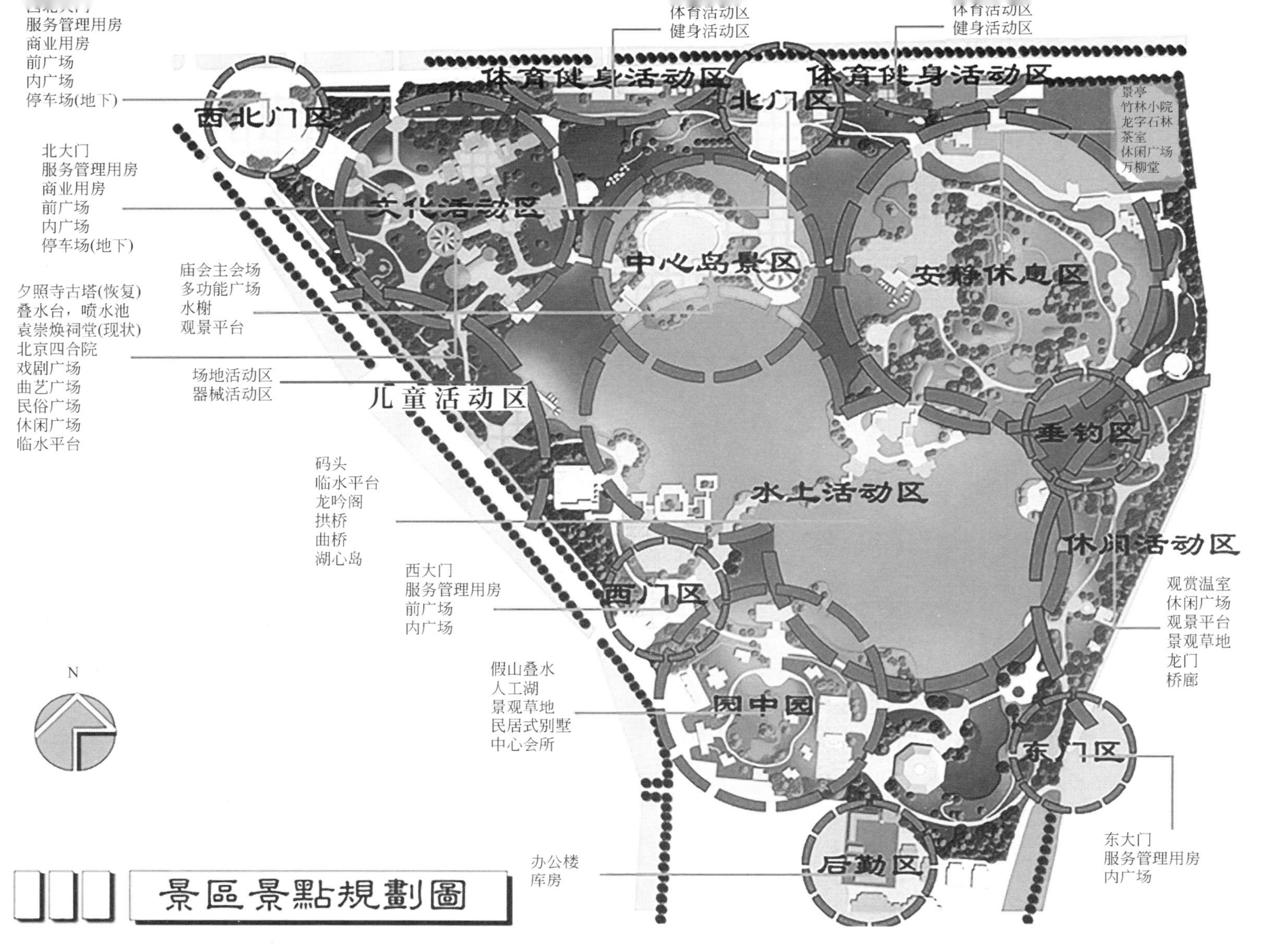

图 1-30　某公园功能及景区景点分析图

（2）次干道：是公园各区内的主要道路，联系着各个景点，引导游人进入各景点、专类园。对主干道起辅助作用。

（3）游步道：是引导游人深入景点、寻胜探幽的道路。一般设在山坳、峡谷、山崖、小岛、林地、水边、花间和草地上。

道路系统的布局应根据公园绿地内容和游人量来定。要求主次分明、因地制宜，与地形及周边环境密切配合。

道路交通分析图参考图见图 1-31～图 1-35。

5. 视线分析图

视线分析图包括主要观景点的位置、观景方向、视域范围、开敞空间、半开敞空间、封闭空间、景观序列以及不同视觉界面的起始位置等。绘制视线分析图需要注意突出视线重点，有时需要和透视效果图结合绘制。

视线分析图参考图见图 1-36、图 1-37。

6. 植物分区分析图

作为风景园林的重要构成要素，植物种植设计是设计过程中的重要组成部分，为了较为清晰地表达设计范围内不同区域的植物特征，可以在植物设计图之前用植物分区分析图来确定各个区域的植物特征、植物景观结构及其主要植物构成，主要植物构成主要包括基调树种、骨干树种、造景树种，确定不同地点的密林、疏林、林间空地、林缘等种植方式，还可以包括以植物造景为主的专类园，如月季园、牡丹园、盆景园、观赏或生产温室、花圃等。

植物分区分析图参考图见图 1-38～图 1-41。

（七）鸟瞰图

设计者为了更直接地表达设计意图，更直观地表现设计中各景点、景物以及景区的景观形象，通过钢笔画、铅笔画、钢笔淡彩、水彩画、水粉画、马克笔画或其他绘画形式表现一定角度的俯视景观。鸟瞰图制作要点：

（1）无论采用一点透视、二点透视或多点透视或轴测图来绘制都要求鸟瞰图在尺度、比例上尽可能准确地反映景物的形象。

（2）鸟瞰图除表现基地本身，又要画出周围环境，如基地周围的道路交通等市政关系，基地周围的城市景观，基地周围的山体、水系等。

（3）鸟瞰图应注意“近大远小，近清楚远模糊，近写实远写意”的透视法原则，以达到鸟瞰图的空间感、层次感、真实感。

（4）一般情况下，树木不宜太小，而以约 15～20 年树龄的高度为画图的依据。

鸟瞰图参考图见图 1-42～图 1-45。

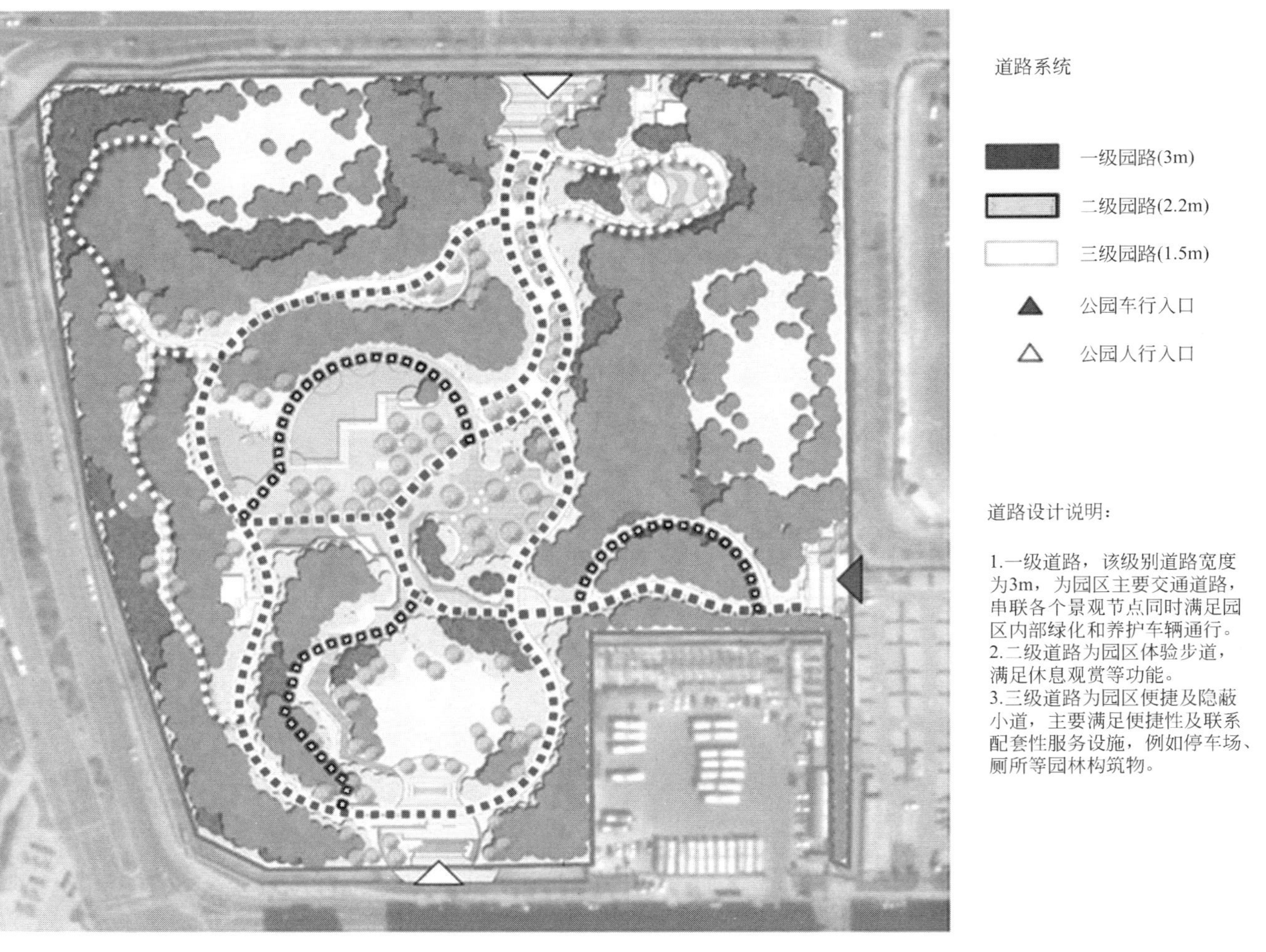

道路系统

一级园路(3m)

二级园路(2.2m)

三级园路(1.5m)

公园车行入口

公园人行入口

道路设计说明：

1.一级道路，该级别道路宽度为3m，为园区主要交通道路，串联各个景观节点同时满足园区内部绿化和养护车辆通行。
2.二级道路为园区体验步道，满足休息观赏等功能。
3.三级道路为园区便捷及隐蔽小道，主要满足便捷性及联系配套性服务设施，例如停车场、厕所等园林构筑物。

图 1-31 某公园道路系统分析图（1）

交通流线分析：

公园园路分为三级道路：一级道路为公园主路，宽4m，可供园务车和临时车辆通行，材质为彩色沥青路面，可作为健身慢跑道，环路长度约为1958m；二级道路为公园次园路，宽2.5m，透水砖路面，长度约为895m；三级道路为公园人行路，宽1.8m，透水砖路面，长度约为833m。

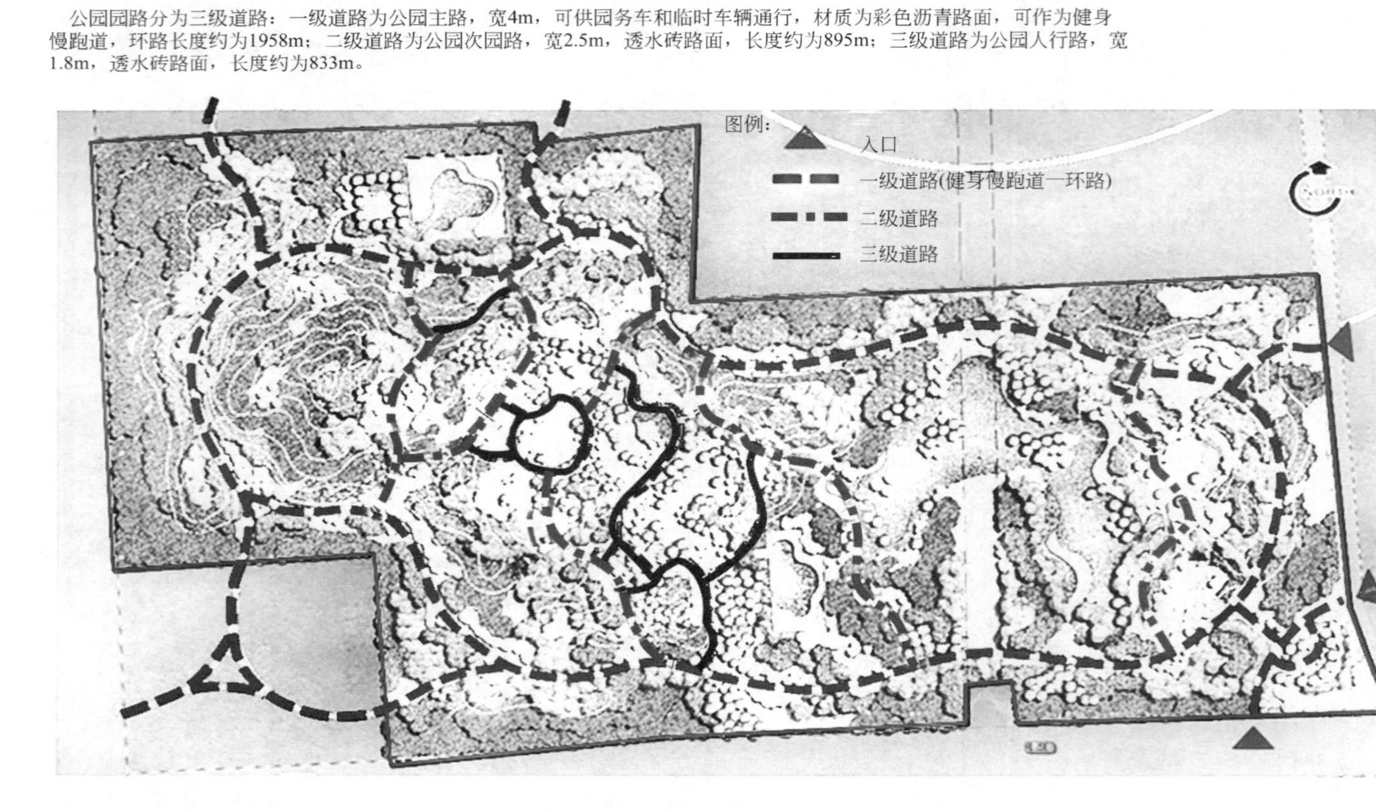

图 1-32　某公园道路系统分析图（2）

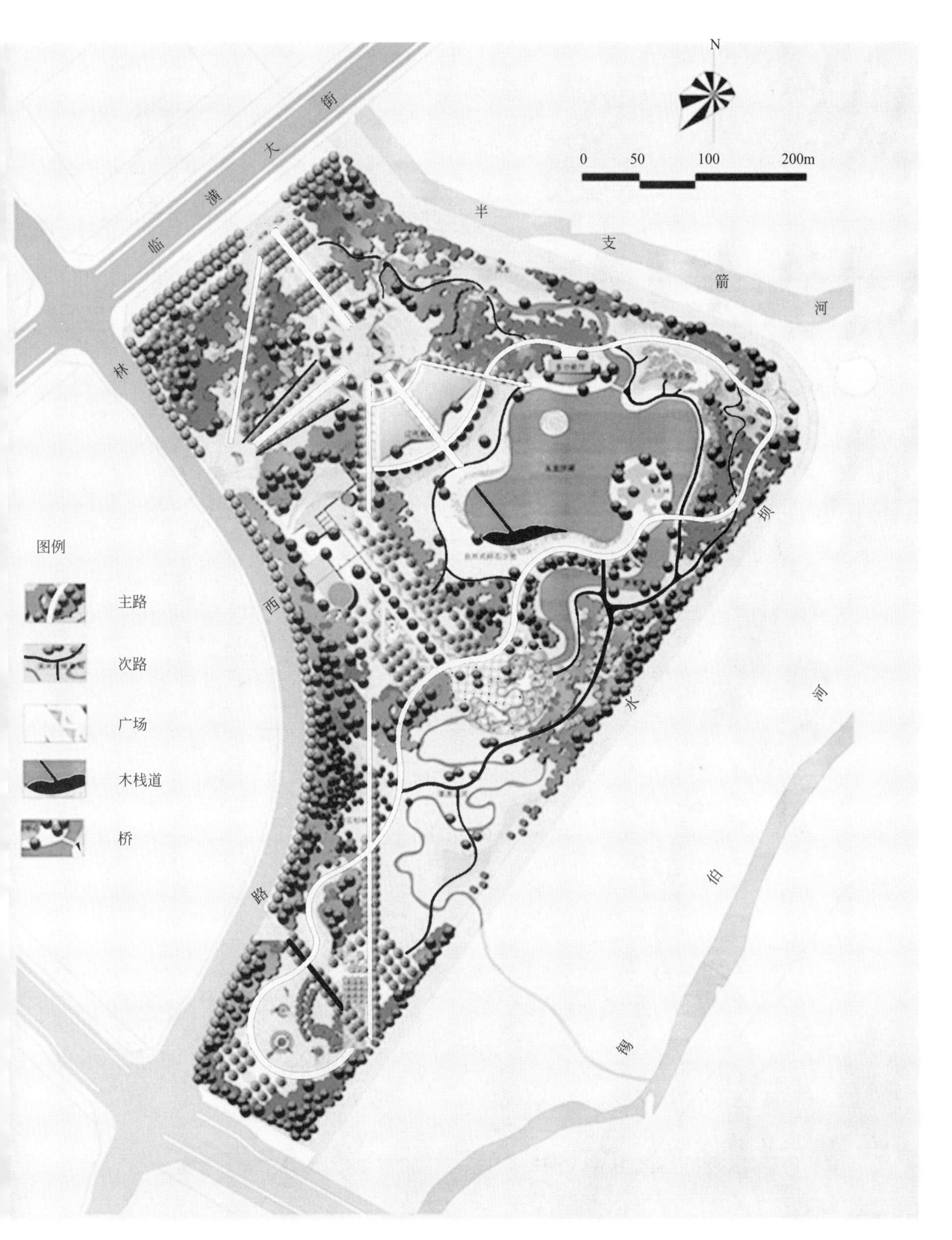

图 1-33 某公园道路系统分析图（3）

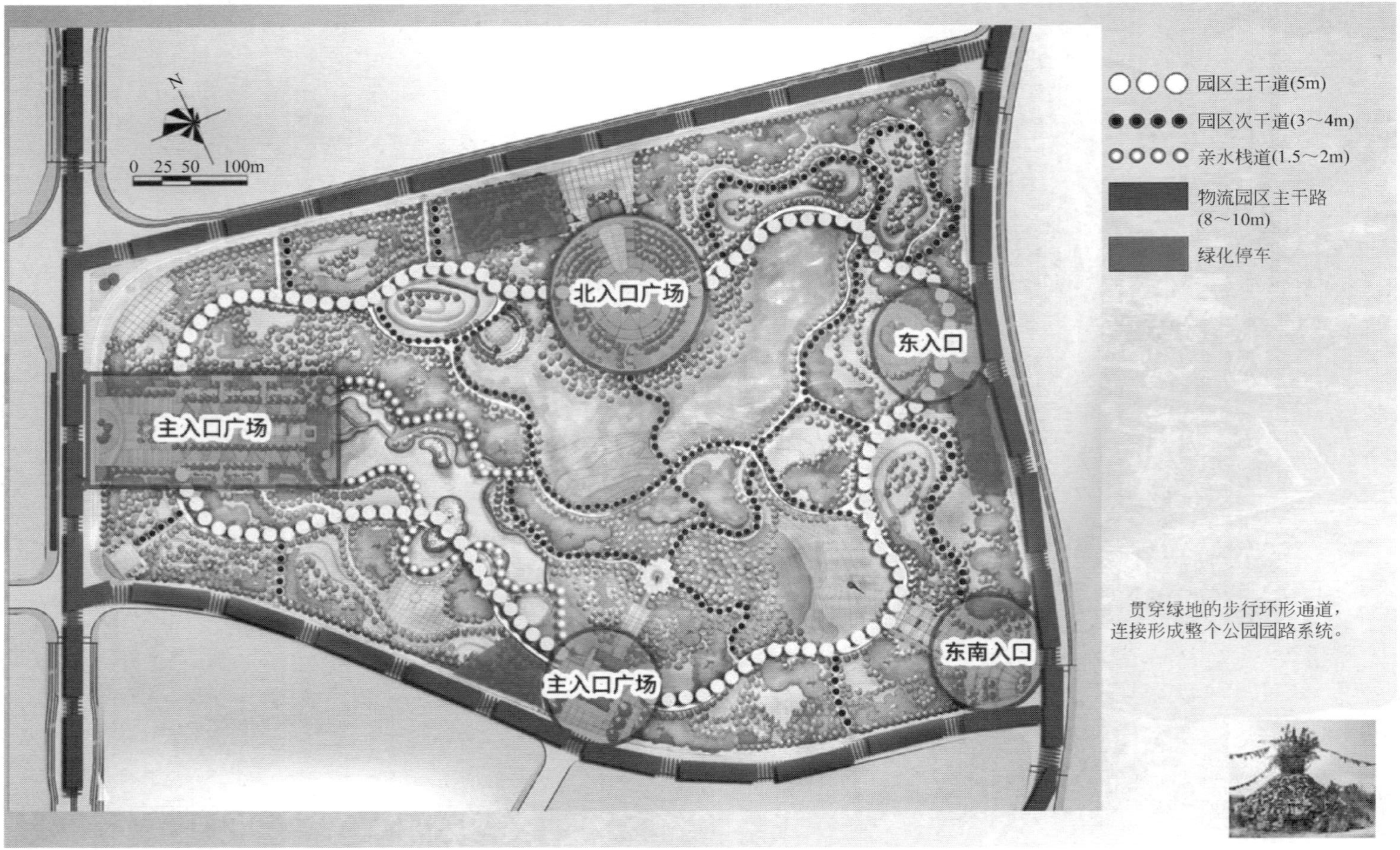

园区主干道(5m)
园区次干道(3～4m)
亲水栈道(1.5～2m)
物流园区主干路(8～10m)
绿化停车

贯穿绿地的步行环形通道，连接形成整个公园园路系统。

东入口
东南入口
北入口广场
主入口广场
主入口广场
N
0 25 50 100m

图 1-34　某公园道路系统分析图（4）

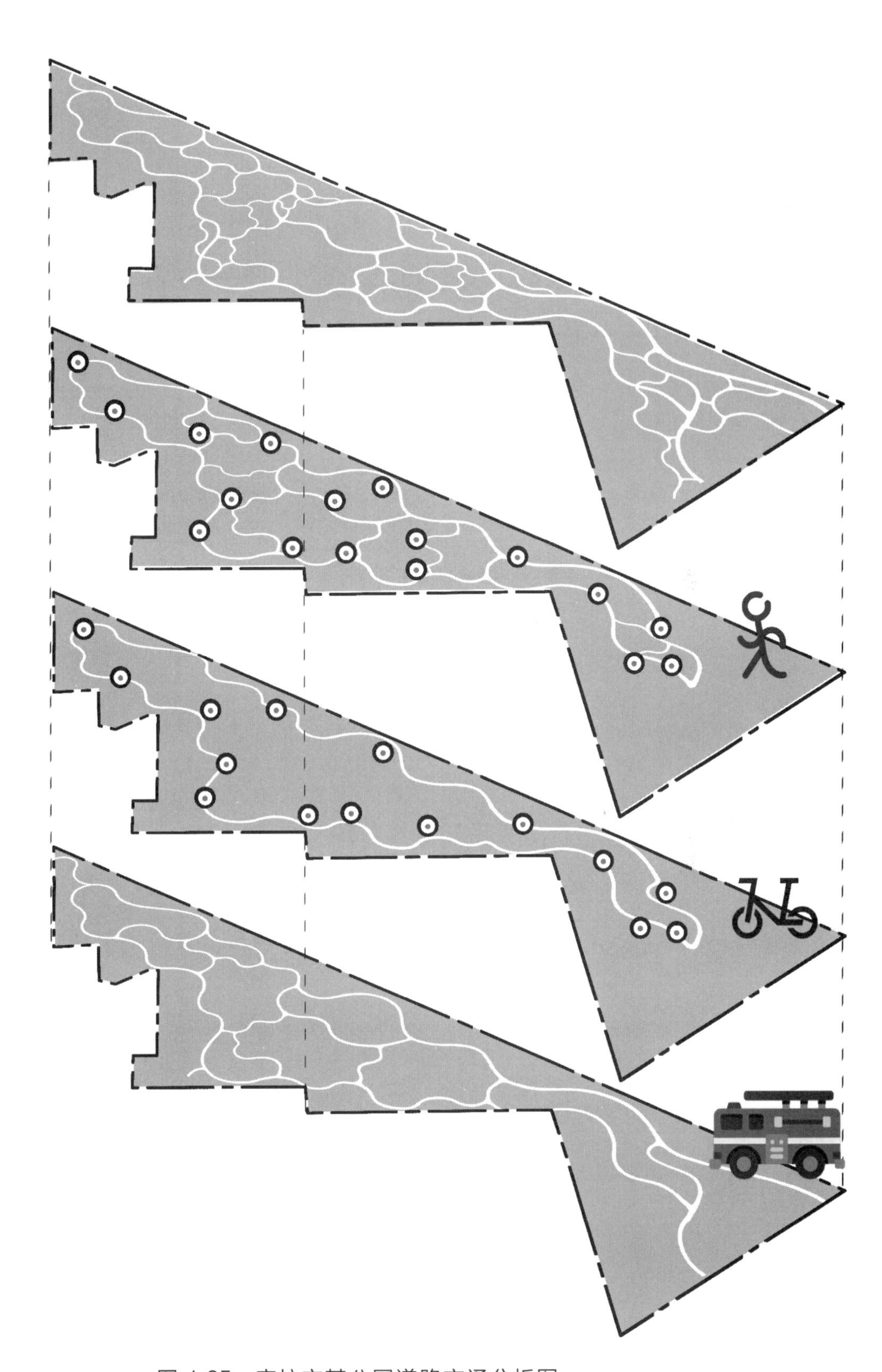

图 1-35 廊坊市某公园道路交通分析图

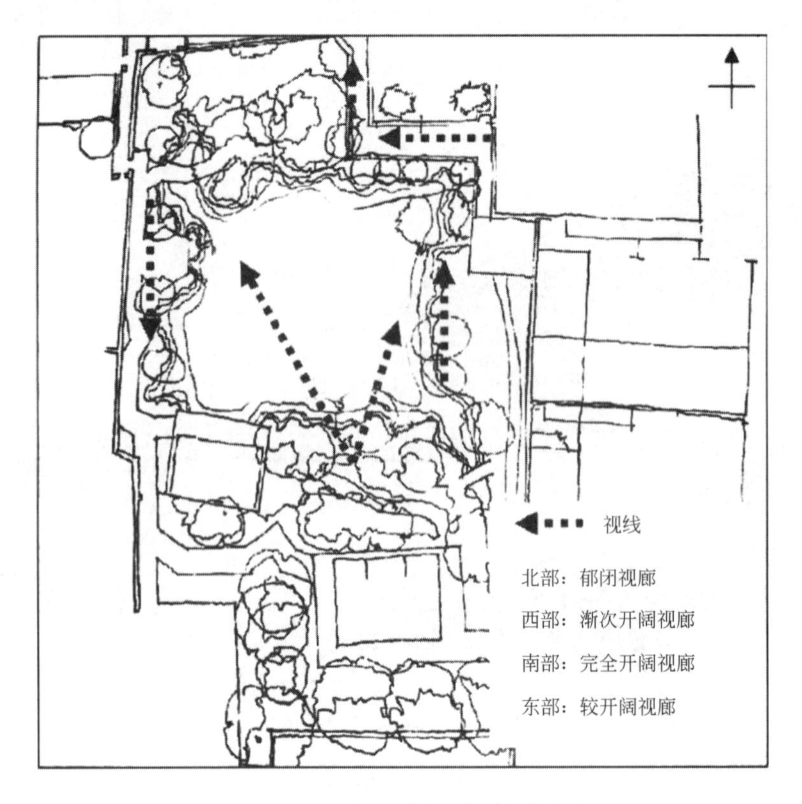

图 1-36　网师园景观视线分析图

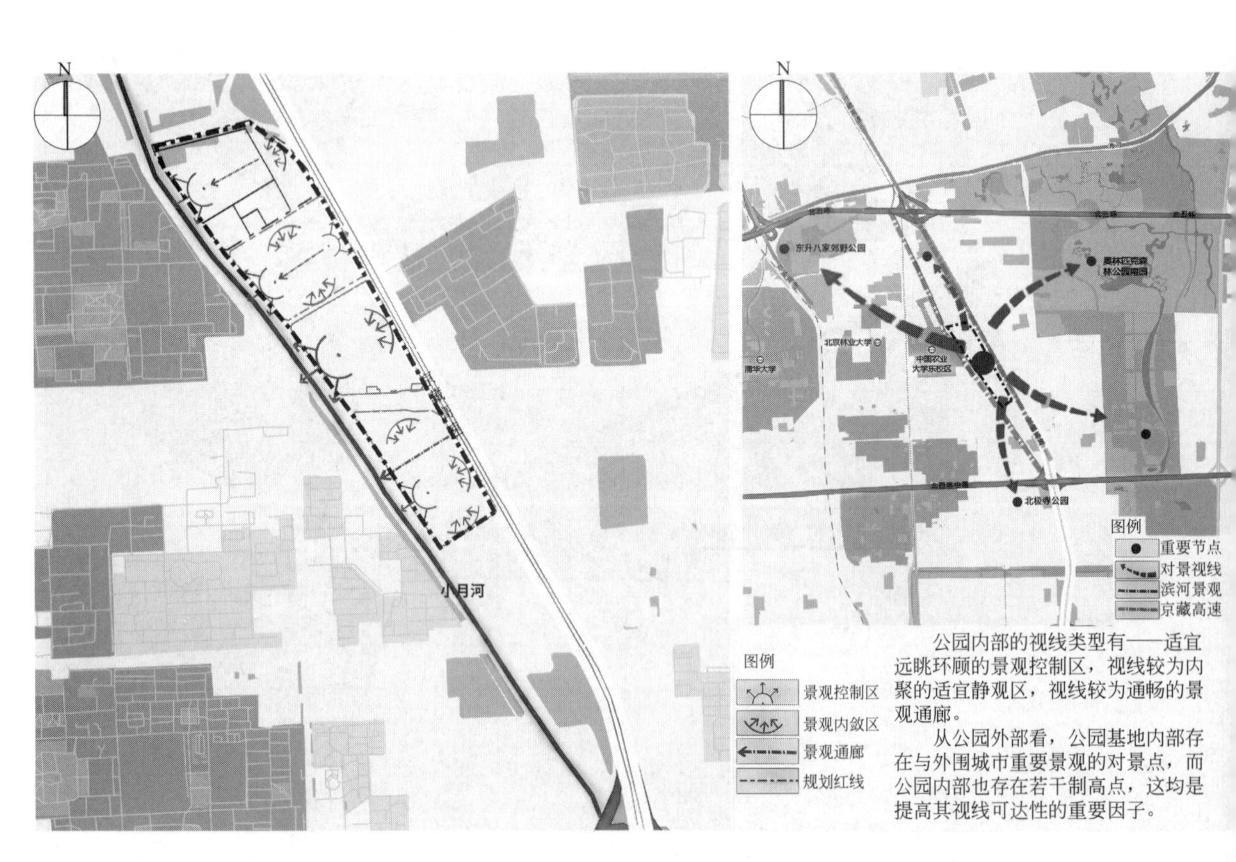

图 1-37　某城市公园视线分析图

图 1-38 某居住小区植物分区分析图（1）

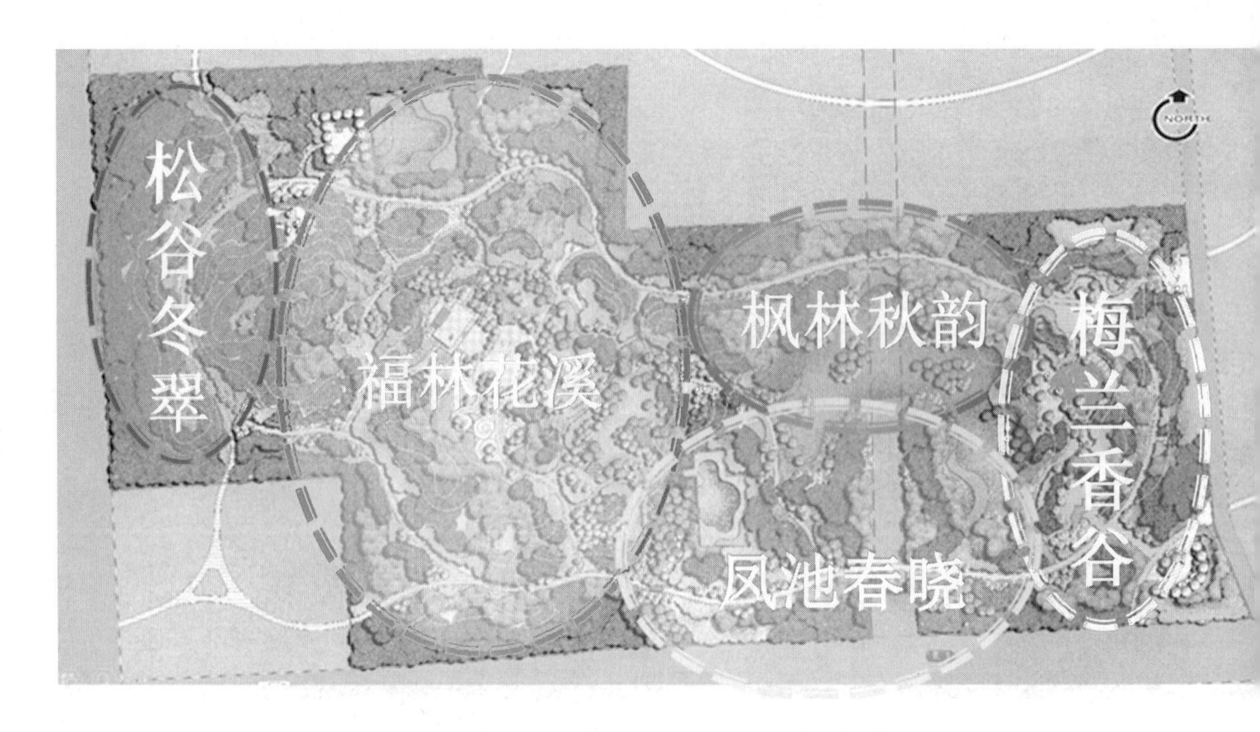

图 1-39　某公园植物分区分析图（1）

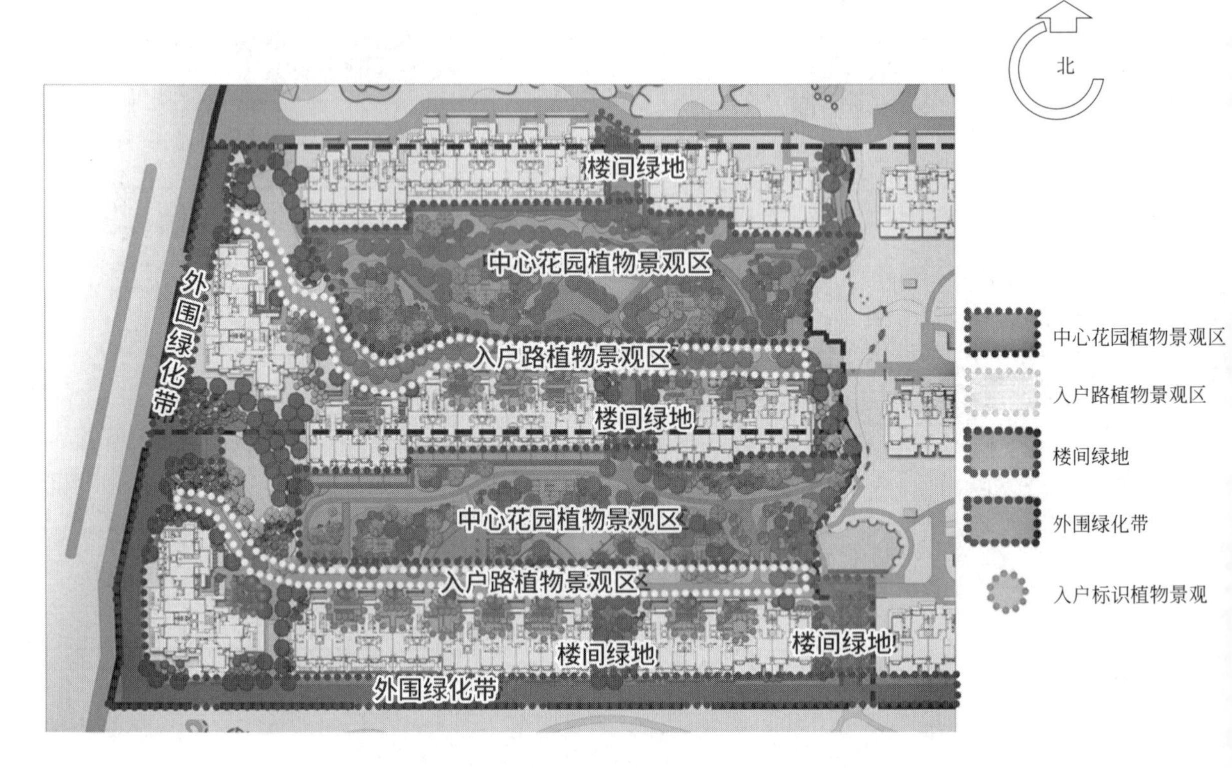

图 1-40　某居住小区植物分区分析图（2）

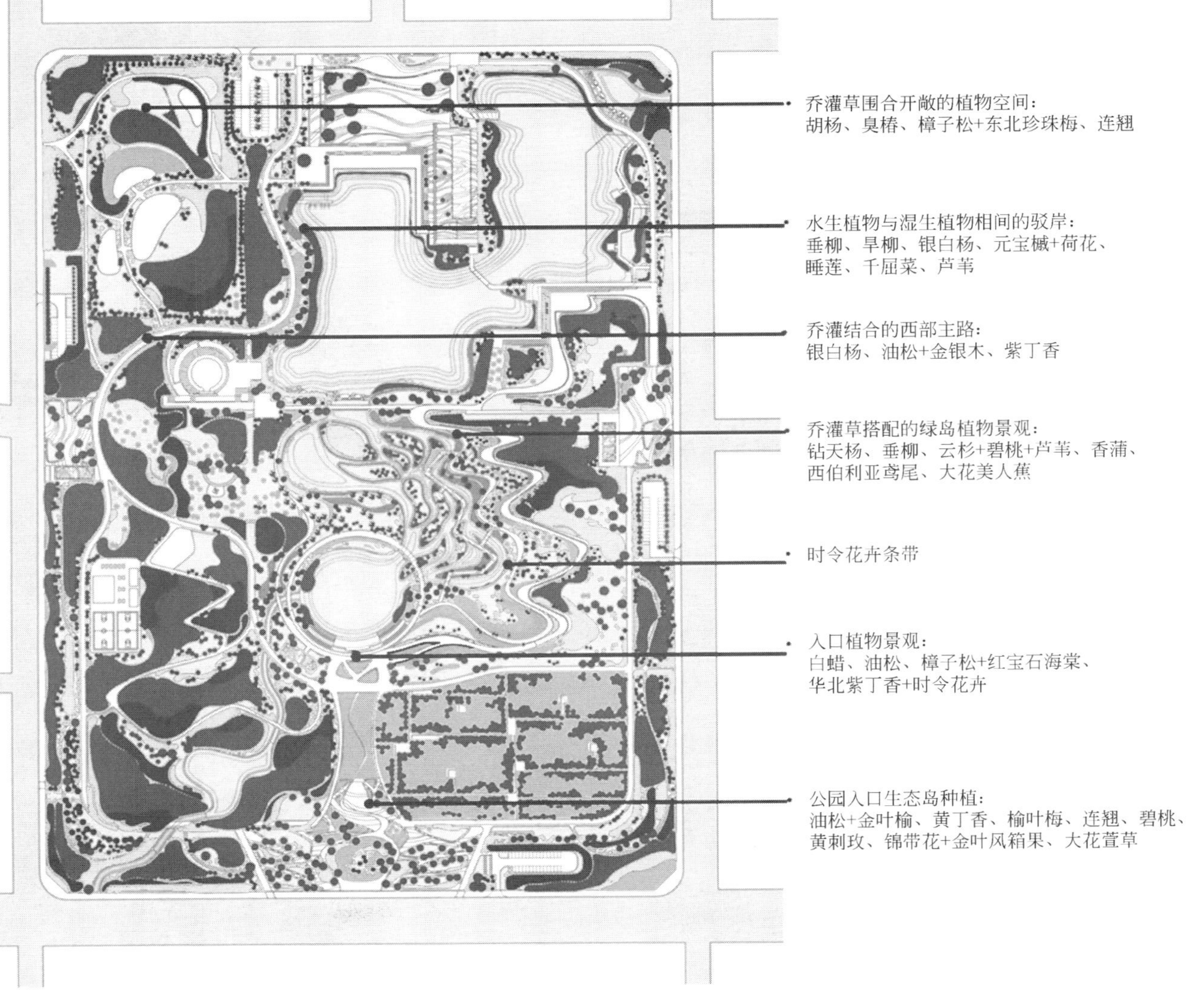

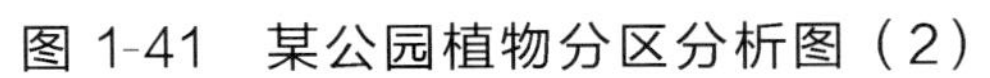
图 1-41　某公园植物分区分析图（2）

图 1-42　某公园鸟瞰图

图 1-43　某疗养院鸟瞰图

图 1-44　某居住小区鸟瞰图（1）

图 1-45　某居住小区鸟瞰图（2）

（八）剖面图

平面图虽然可以清楚地表达物体内部、外部形状和大小，当物体内部形状较复杂时，会给读图和标注尺寸增加困难，并且除了使用阴影和层次外，没有其他方法来显示垂直元素的细部及其与水平形状之间的关系，因此，为了清晰表达在平面图上无法显示的更多的内容，可以使用剖面图、立面图来达到这个目的。

剖面图是假想用一个平面（剖切面）把物体切去一部分，物体被切断的部分称为断面或截面，把断面形状和剩余部分用正投影方法画出的图为剖面图。

剖面图参考图见图 1-46。

（九）文字说明

风景园林设计必须辅助一定的文字作为图件的补充，一般包括图纸上的文字和单独的设计说明书。

1. 图纸上的文字

图纸上的文字应简明扼要，内容涉及立意布局、设计思路、主旨、场地分析、交通流线、功能结构、视觉景观、生态布局等，每个条目用几句话说明即可。设计说明在文字安排上应与图件相互配合，文字块要排列整齐、字体端正，可以在每个段落前加上序号或相关符号，但不要在文字块外围随意装饰，避免为了排成花哨的图案而牺牲可读性。全图的字体应保持一致。

设计说明是检验设计方案合理性的重要部分，应加强字体练习，尽早进行，逐渐掌握书写规律性很强的长仿宋字。好的字体，尤其在手工绘制时，会使人在第一印象上获得好感。

2. 设计说明书

总体设计方案除了图纸外，一般还要求文字说明，全面地介绍设计者的构思、设计要点等内容，具体包括以下几个方面：

（1）位置、现状、面积。

（2）工程性质、设计原则。

（3）功能分区。

（4）设计主要内容：山体地形，空间围合，湖池、堤岛水系网络，出入口、道路系统，建筑布局，种植规划，园林小品等。

（5）经济技术指标。

设计中的经济技术指标必须控制在该种园林绿地形式的合理范围内，常见的指标包括绿化用地面积及所占比例，建筑面积及所占比例，园路及铺装场地面积及所占比例，水体面积及所占比例，以及其他用地面积及所占比例。另外还包括绿地率、人均公园绿地面积、常绿与落叶植物比例等等。

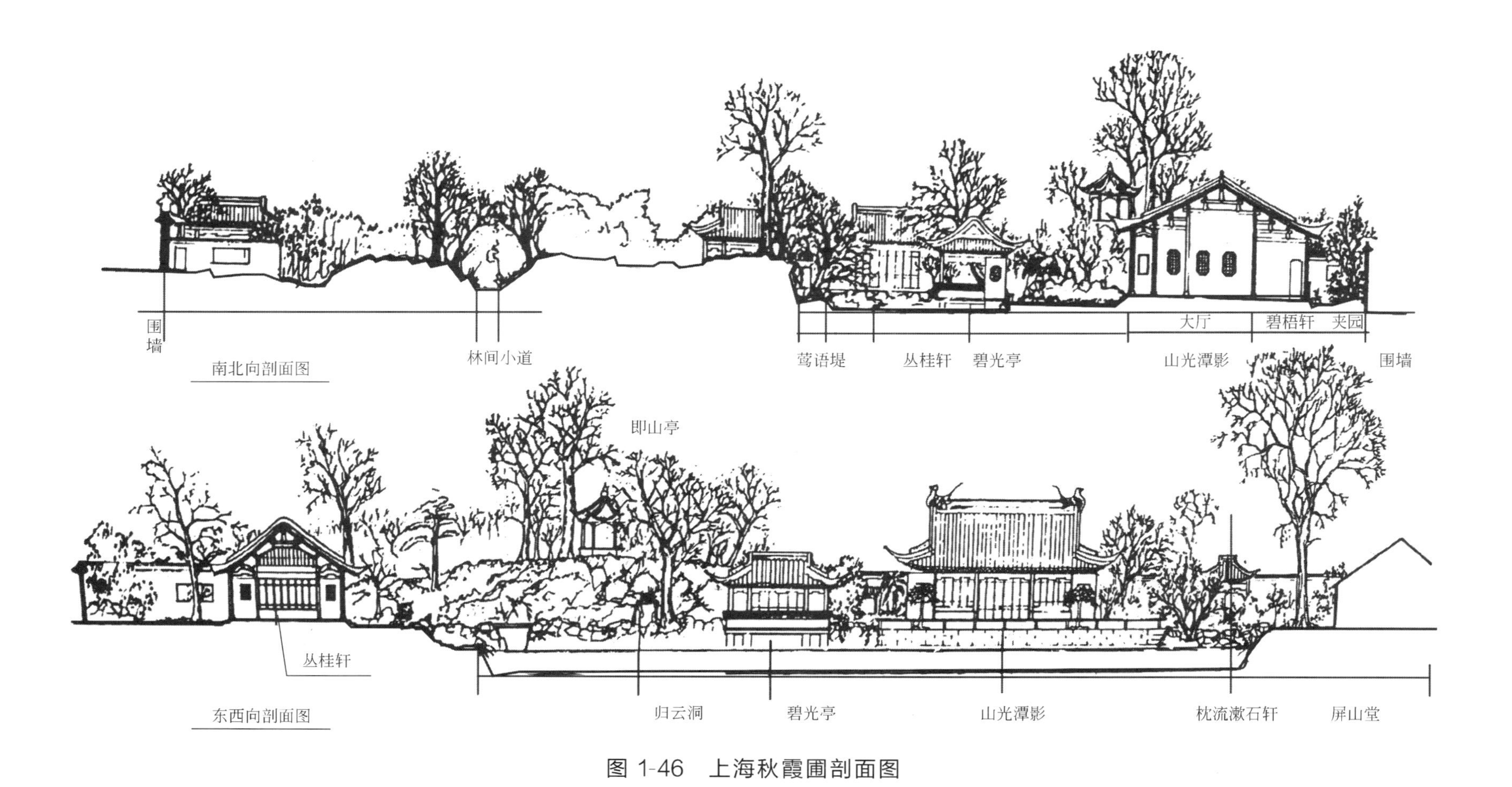

图 1-46 上海秋霞圃剖面图

（十）排版与展示

风景园林设计排版非常重要，排版的合理与否除了影响整体图面效果外，还会影响设计者画图的时间和效率。在画图之前，就应结合设计任务书对整个图纸进行大致的测算和估算。平面图和剖面图最好一起绘制，效果图的位置应留足，分析图和设计说明虽然都可以见缝插针，但是也必须留有足够的空间以便有回旋的余地。全图中的各种要件都应均匀分布而不是拥挤在一起而留出大面积的空白。总的制图原则为：总平面图上要素最多，所占幅面最大；立面图和剖面图图面内容较少，多呈长方形；鸟瞰图、透视图非常直观具象，往往最引人注意；分析图抽象概括，由几幅小图组成；文字部分要条理清晰，形式简洁明快，不能喧宾夺主，指标分析多以表格形式出现，宜放在总平面图或分析图旁边。

二、局部详细设计阶段

在总体设计方案确定以后，接着就要进行局部详细设计工作。局部详细设计工作主要内容如下。

（一）平面图

首先，根据设计区域的不同分区，划分若干局部，每个局部根据总体设计的要求，进行局部详细设计。用不同等级粗细的线条，画出等高线、园路、广场、建筑、水池、湖面、驳岸、树林、草地、灌木丛、花坛、花卉、山石、雕塑等。

详细设计平面图要求标明建筑平面、标高及与周围环境的关系；道路的宽度、形式、标高；主要广场、地坪的形式、标高；花坛、水池面积大小和标高；驳岸的形式、宽度、标高。同时平面上标明雕塑、园林小品的造型。

（二）横纵剖面图

为更好地表达设计意图，在局部艺术布局最重要的区域，或局部地形变化的区域，做出剖面图，一般比例尺为（1：200）～（1：500）。

（三）局部种植设计图

在总体设计方案确定后，着手进行局部景区、景点的详细设计的同时，要进行种植设计工作。需要准确地反映乔木的种植点、栽植数量、树种。树种主要包括密林、疏林、树群、树丛、园路树、湖岸树等，以及花坛、花境、水生植物、灌木丛、草坪等，一般比例尺为（1：200）～（1：300）。

第二章

不同类型园林绿地课程设计任务书

一、街道绿化设计

（一）实训一　道路绿化设计

1. 目的

（1）通过道路绿化设计实践，理解道路绿化的功能作用，掌握道路绿化相关术语、概念，掌握道路断面布置形式，掌握道路绿化规划设计原则等基本内容。

（2）掌握道路绿化主要组成内容：分车绿带、行道树绿带、路侧绿带，道路交叉口的一般特点和设计要求。

（3）掌握道路绿地率、绿化覆盖率的概念和计算方法。

（4）能结合具体道路规划设计状况，灵活运用基本知识进行各类道路绿地设计。

（5）学习路侧绿带和道路红线外侧绿地相结合时一体化设计的手法，掌握滨水绿地设计的一般特点。

（6）掌握道路绿化植物的选择与配置原则。

2. 内容

该路段为位于北方某城市交通干道南侧的城市次干道，起止方向为南北向，路段总长约 780m，路幅宽 60m，设计时速为 60～80km。路段北为北化路，南至建设路与兴安路十字路口中心点南约 110m，西邻商住区，东邻星月湖，其常水位低于岸边约 0.8m；道路断面形式为四板五带式，中间分车带宽 6m，两侧机动车路面宽 7m，两侧分车带宽 2.5m，自行车及慢车道宽 5m，行道树绿带及步行道宽 5m；步行道东路侧绿带宽 5m、滨湖绿地最窄处约 10m、最宽处约 100m，步行道西路侧绿带宽 10m；路段北端规划有近正三角形的导向岛，绿地面积约 $4000m^2$。短划线内为设计区域，详细情况见图 2-1。

3. 设计要求

（1）研究道路所处区域的城市总体规划要求、经济发展情况、道路建设现状、气候条件、自然资源以及历史人文资源等。

（2）收集道路绿化设计优秀案例 2 个，分析其设计原则、设计理念、道路断面形式、树种选择及景观特色等。

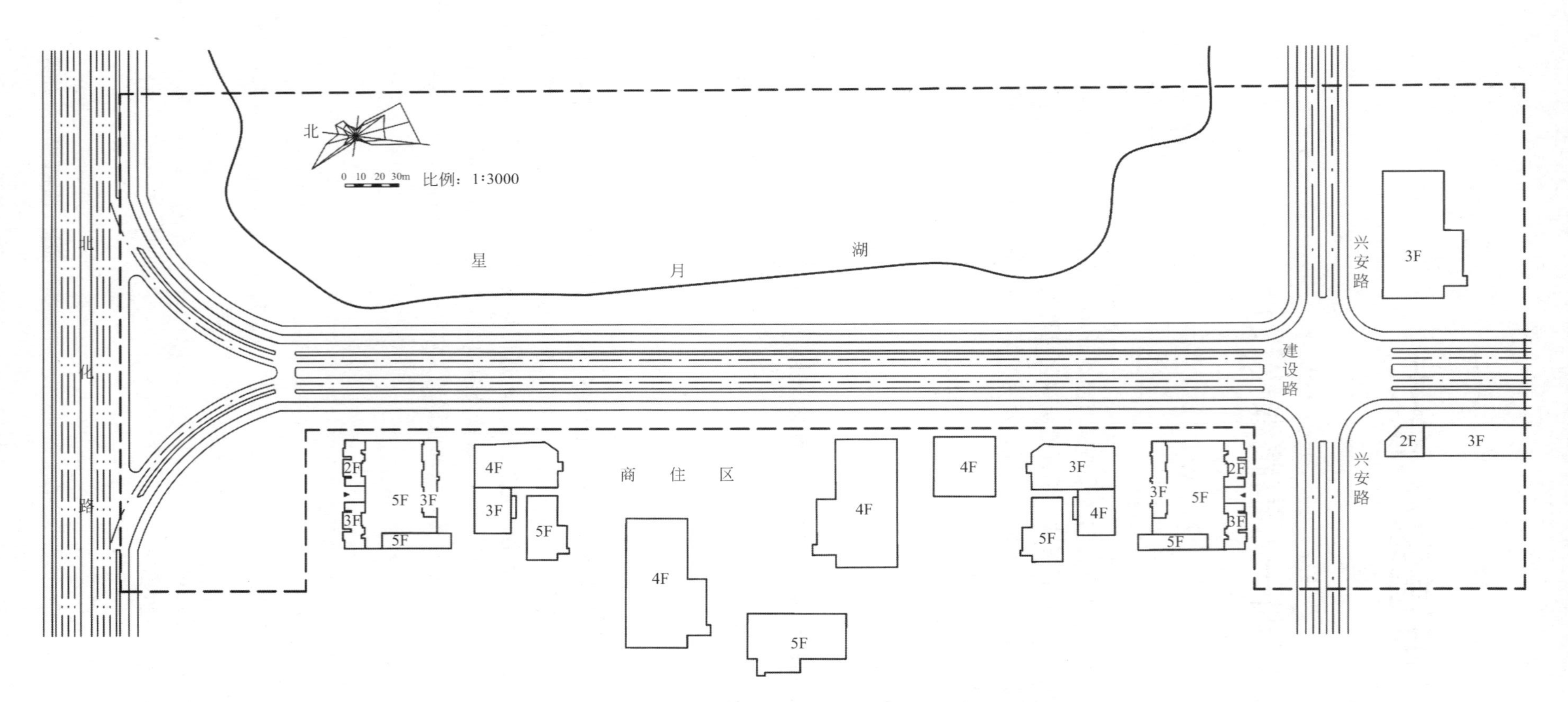

图 2-1　任务（道路绿化设计）平面底图

（3）分析道路规划的基本情况，计算道路绿地率和绿化覆盖率，确定道路绿化等级，依据道路空间尺度和周边环境特点，构筑总体功能合理、特色突出、可识别性强、体现时代风格的道路景观。

（4）从整体着眼，考虑道路在所处区域道路体系中的关系，并考虑道路绿带、滨河绿地、导向岛绿地、道路交叉口等景观的统一与变化，既确立宏观基本构架，又着力丰富细部，变而不乱，取得整体上的和谐统一，形成变化有序和主次分明的景观序列，体现景观整体性。

（5）合理利用水体与道路并行的自然条件，加强道路景观与滨湖景观的联系，协调好道路绿带、滨湖绿地及星月湖的关系。

（6）因地制宜，在合理条件下可考虑对地形进行改造，以创造丰富多样的空间与景观。

（7）合理选择树种，在保证基调树种的基础上，大力丰富花灌木的品种，构筑层次丰富、景观优美、特色鲜明、独具魅力的绿色园林景观路，使其成为该区域的标志性景观。

4. 成果要求

A1 图幅不少于 2 张。表现形式不限，可采用手绘或电脑制图，也可两者结合。

主要包含以下内容：

（1）区位及周边环境分析图，比例自定。

（2）现状分析图，比例自定。

（3）功能景观分区图，比例自定。

（4）总平面图比例 1∶1000。

（5）道路标准段平面图、立面图、断面结构图比例 1∶500。

（6）节点平面图、立面图、效果图。

（7）标准段效果图。

（8）苗木统计表，含编号、中文名、拉丁名、规格、数量、备注等。

（9）设计说明书，要求简明扼要，对项目概况、设计构思、设计原则、景观特色、植物配置、配套设施等内容进行详细说明，字数不少于 800 字。

5. 进度安排

周次	设计进度	课外要求	备注
1	布置任务： 明确设计任务要求，分析、绘制现状图，并进行初步方案的构思与表达	学习相关设计标准和规范；收集具有代表性的道路绿化设计案例 2 个	一草阶段： 占总成绩的10%
2	一草方案构思与表达： 收集并研读相关资料；完成区位分析、现状分析、功能分析等分析图；绘制一草方案图	一草深入表达	

续表

周次	设计进度	课外要求	备注
3	一草方案的探讨与调整： 一草方案汇报，探讨；提出修改意见建议并进行修改和完善	一草方案修改和完善，形成二草方案	一草阶段： 占总成绩的10％
4	二草方案的探讨与调整： 二草方案的汇报与探讨，提出修改方案并完善	二草方案的修改和完善，形成三草方案	二草、三草阶段： 占总成绩的10％
5	三草方案的探讨与调整： 三草方案汇报，交流，提出修改意见建议并进行修改和完善	三草方案修改和完善，完成总平面图；提出专项及节点设计方案	
6	专项及节点设计方案的探讨与调整： 专项及节点方案汇报，交流，提出修改意见建议并进行修改和完善	完善专项及节点设计方案（含平面图、立面图和效果图），提出植物种植设计方案	专项及节点设计阶段： 占总成绩的5％
7	种植设计方案的探讨与调整： 种植设计方案的汇报与交流，提出修改意见建议，并进行修改和完善	修改和完善植物种植设计方案，完成植物名录表、设计说明等内容初稿	种植设计阶段： 占总成绩的 5％
8	成果制作阶段： 修改完善设计说明、苗木统计表等内容，绘制设计图及相关内容，包括版面设计与调整	绘制完成设计成果图	成果制作阶段： 占总成绩的70％

6. 参考资料推荐

[1] 刘倩. 基于海绵城市理论的道路绿化景观设计 [J]. 绿色科技，2019，(17)：65-67.

[2] 赵晓琳. 海绵城市理论在道路绿化景观设计中的运用 [J]. 建材与装饰，2019，(25)：113-114.

[3] 朱洁琳. 浅析城市道路绿化景观提升生态设计方法 [J]. 建材与装饰，2019，(17)：56-57.

[4] 冯晓善. 浅析城市道路绿化树种的选择 [J]. 居舍，2018，(33)：109.

[5] 彭连英. 浅谈城市园林绿化发展趋势及道路绿化植物的选择 [J]. 湖北农机化，2018，(09)：60.

[6] 谢香群，等. 道路景观绿化对不同人群感觉需求的影响 [J]. 天津农林科技，2018，(05)：32-34＋37.

[7] 李雪华. 道路绿化树种的选择及其应用 [J]. 绿色科技，2017，(05)：159-160.

[8] 夏勤. 城市道路绿化植物的选择与配置原则 [J]. 江西农业，2017，(01)：77.

[9] 孙艳群. 浅谈城市道路绿化植物的配置及绿化形式 [J]. 现代园艺，2016，

(22)：149-150.

[10] CJJ 75—1997.城市道路绿化规划与设计规范.

（二）实训二 立体交叉绿地设计

1. 目的

（1）通过立体交叉绿地设计实践，掌握立体交叉绿地的概念和特点，深刻理解立体交叉绿地保障安全、组织交通、引导行车、美化市容等重要作用。

（2）掌握立体交叉绿地组成结构和特点，掌握立体交叉绿岛、立体交叉外围绿地的特点。

（3）掌握交通岛的分类，掌握中心岛绿地、导向岛绿地、立体交叉绿岛的规划设计要点。

（4）掌握立体交叉绿地植物选择与配置原则。

（5）熟悉立体交叉的类型和特点，能梳理立交桥的交通流线并结合具体立体交叉的类型、周边环境、组成结构，灵活应用所学知识创造出既满足交通需求又体现区域和周边环境特色的城市景观。

2. 内容

立体交叉路桥位于华北某城市的郊区，为半苜蓿叶形互通立交桥，自上而下分别为跨线桥及地面道路，东西向长 370m，南北向宽 360m。地面道路为双向四车道，宽 16m；两侧人行道宽 4m；立体交叉外围绿地宽约 4～20m；地面道路与跨线桥相连接的匝道为单向两车道，宽 8m；跨线桥为双向四车道，宽 16m；设计车速为 60～120km/h。该立体交叉路桥形成 A、B、C、D 四个绿岛和立体交叉路桥外围四条绿带，周边为苗圃。设计区域总占地面积约 $4hm^2$，粗线短划线内为设计区域，具体情况如图 2-2 所示。

3. 设计要求

（1）服从立体交叉道路的交通功能，保证行车视线畅通，突出绿地内的交通标志，诱导行车、保障行车安全。

（2）服从道路的总体规划要求，构成具有差异性、节奏感、韵律美并独具特色的景观风貌，形成区域景观标志。

（3）以植物造景为主。绿岛设计适应司机和乘客的瞬间景观视觉要求，简洁明快；立体交叉绿地与立交桥的雄伟气魄相协调，外围应突出道路线形，与周边形成隔离，并界定出完整的桥头空间。

（4）配合立交桥的流线风格和尺度，营造适宜的空间和景观。

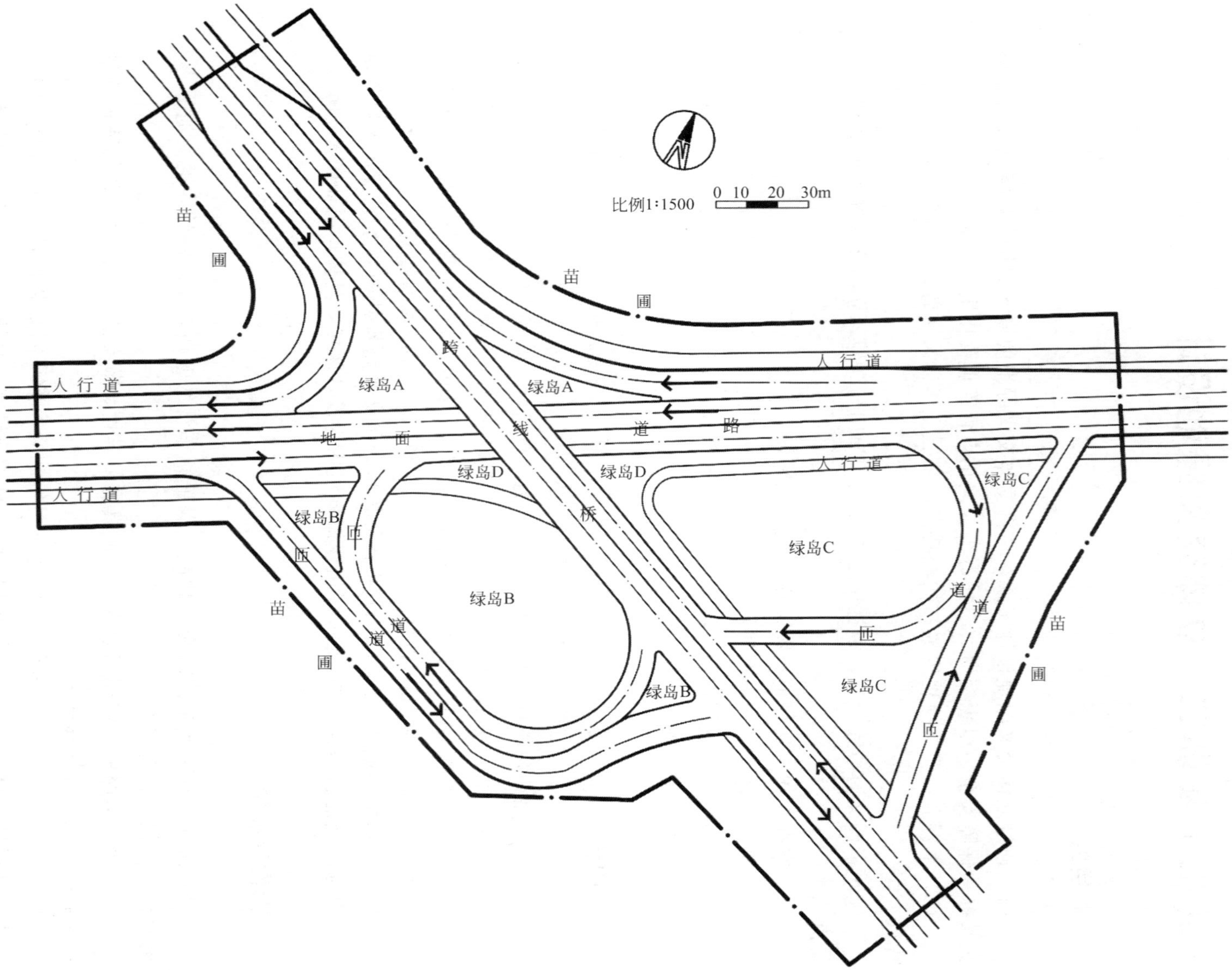

图 2-2 任务（立体交叉绿地设计）平面底图

4. 成果要求

A1 图幅不少于 2 张。表现形式不限，可采用手绘或电脑制图，也可两者结合。

主要包含以下内容：

（1）区位及周边环境分析图，比例自定。

（2）现状分析图，比例自定。

（3）总平面图比例 1∶500。

（4）空间与视线分析图，比例自定。

（5）种植设计图，含植物名录（编号、植物名称、规格、数量）。

（6）景观节点设计图，含平面图、立面图、效果图，比例自定。

（7）鸟瞰图。

（8）设计说明书。要求简明扼要，对项目概况、设计理念、设计原则、景观特色、植物配置等内容进行详细说明，字数不少于 500 字。

5. 进度安排

周次	设计进度	课外要求	备注
1	布置任务： 明确设计任务要求，分析、绘制现状图，并进行初步方案的构思与表达	学习相关设计标准和规范；收集具有代表性的立体交叉绿化设计案例 2 个	一草阶段： 占总成绩的 10%
2	一草方案构思与表达： 收集并研读相关资料；完成区位分析、现状分析、功能分析等分析图；绘制一草方案图	一草深入表达	
3	一草方案的探讨与调整： 一草方案汇报、探讨；提出修改意见建议并进行修改和完善	一草方案修改和完善，形成二草方案	
4	二草方案的探讨与调整： 二草方案的汇报与探讨，提出修改方案并完善	二草方案的修改和完善，形成三草方案	二草、三草阶段： 占总成绩的10%
5	三草方案的探讨与调整： 三草方案汇报，交流，提出修改意见建议并进行修改和完善	三草方案修改和完善，完成总平面图；提出专项及节点设计方案	
6	专项及节点设计方案的探讨与调整： 专项及节点方案汇报，交流，提出修改意见建议并进行修改和完善	完善专项及节点设计方案（含平面图、立面图和效果图），提出植物种植设计方案	专项及节点设计阶段： 占总成绩的 5%

续表

周次	设计进度	课外要求	备注
7	种植设计方案的探讨与调整： 进行种植设计方案的汇报与交流，提出修改意见建议，并进行修改和完善	修改和完善植物种植设计方案，完成植物名录表、设计说明等内容初稿	种植设计阶段： 占总成绩的5%
8	成果制作阶段： 修改完善设计说明、苗木统计表等内容，绘制设计图及相关内容，包括版面设计与调整	绘制完成设计成果图	成果制作阶段： 占总成绩的70%

6. 参考资料推荐

[1] 白琦. 城市道路绿化景观分析 [J]. 智能城市，2019，5（19）：43-44.

[2] 吕勇. 城市道路动态景观设计 [J]. 工程技术研究，2019，4（18）：224-225.

[3] 李聪. 探讨城市道路绿化设计要点 [J]. 现代园艺，2019，（18）：117-118.

[4] 杨青. 高速公路互通立交视距设计关键影响因素分析及其注意事项 [J]. 公路交通科技：应用技术版，2019，15（09）：291-293.

[5] 林旭，吕建苏. 互通式立交道路设计原则分析 [J]. 华东公路，2019，（03）：31-33.

[6] 徐晶. 关于城市道路立体交叉设计的思考 [J]. 居舍，2019，（07）：92.

[7] CJJ 75—1997. 城市道路绿化规划与设计规范.

二、居住区景观绿化设计

（一）实训一　一般居住区

1. 目的

（1）了解居住区规划设计的基本知识。在实践中深入理解居住区的用地组成、居住区的规模、居住区的规划结构、居住建筑布置形式、居住区道路、居住区公共服务设施的分类与布局等基本知识，能运用所学知识进行具体居住区规划设计案例分析，并掌握居住区消防通道、消防登高面、消防登高作业区等术语、概念及规划设计要求。

（2）学习居住区绿地规划的基本知识。掌握居住区绿地的功能、居住区绿地的分类和组成结构、居住区绿地的规划要求、居住区绿地的定额指标及规模确定。

（3）掌握居住区各级各类绿地规划设计的特点。能独立完成居住区出入口、儿童活动场地、休闲活动场地、体育运动场地、停车场、住宅单元出入口等节点景观设计。

（4）掌握居住区各级道路景观规划设计的特殊要求。

（5）能结合居住区绿地规划布局，建筑布局、风格、功能特点，绿地规划设计特点，进行居住区绿地的植物配置和树种选择。

2. 内容

该居住区位于北方某城市滨河新区，居住人口约3000人、700户，为居住街坊级居住区。基地用地平坦，面积约5.04hm^2。其东侧为万富路，宽度为23m；南侧为东华路，宽度为23m；西侧为城市主干道长达路，宽度为50m；北邻城市规划河道，水位常年低于常水位。此外，居住区东南角规划有街头游园，面积约0.21hm^2。居住区建筑风格为欧陆风格，有住宅和商住楼两种类型，共22栋。住宅楼为6层板楼共18栋，呈行列式分布于小区集中绿地周边；商住楼3层共4栋分布在居住区东西两侧；居住区另有会所一座，占地180m^2，位于居住区集中绿地西北角位；配电房4座，约9m^2/座，位于居住区南北两侧。居住区人车混行，设出入口两处，分别位于东西两侧；居住区道路主次分明，含环路和宅前小路，主环路宽为5.5m，宅前道路宽为2.2m；居住区无地下车库。设计区域为黑色短划线区域，具体情况如图2-3所示。

3. 设计要求

结合居住区周边环境和规划现状、出入口、道路、建筑（含居住、商业、配套设施）等的分布，为组团内居民提供室外运动休闲、邻里交往、儿童游戏、老人聚会聊天等休闲活动场所。要求功能合理、构图美观、特色鲜明，为组团内居民提供高质量的户外生活环境。

（1）研究居住区所处区域的城市总体规划要求、经济发展情况、建设现状、气候条件、自然资源以及历史人文资源等，营造出浓郁的文化氛围和地域特色。

（2）收集居住区景观规划设计优秀案例2个，分析其设计原则、设计理念、功能分区、树种选择及景观特色等，为本案设计创意奠定基础。

（3）分析、研究该居住区的周边环境和规划建设现状，含规划结构、功能布局、交通组织及景观环境、出入口、道路、建筑（含居住、商业、配套设施）等的分布，提出该居住区景观规划设计的目标定位和设计主题。

（4）设计方案应功能合理、构图美观、特色鲜明，为居住区居民创造室外运动休闲、邻里交往、儿童游戏、老人聚会聊天、散步休闲等活动场所，营造健康积极的邻里

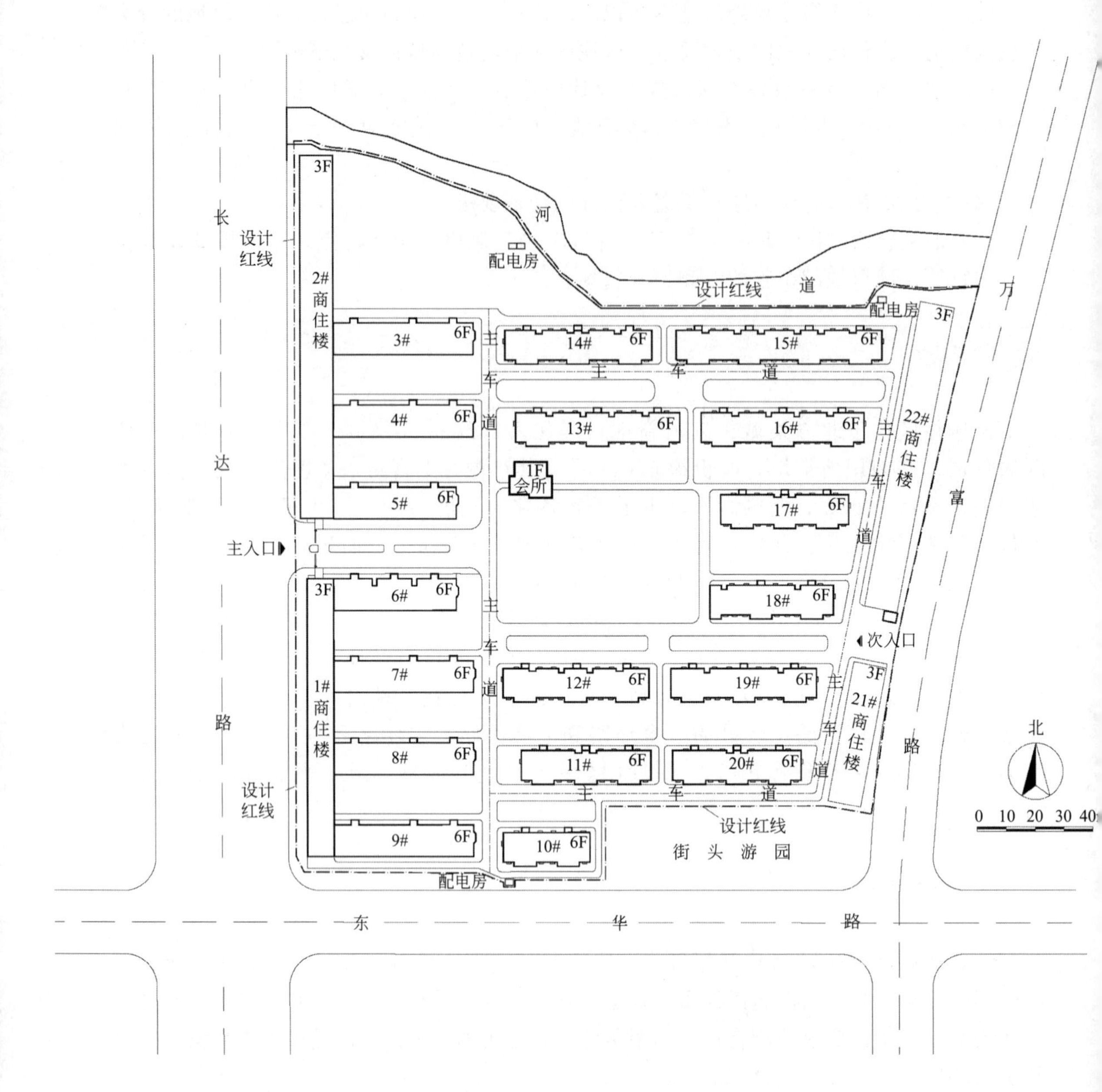

图 2-3 任务（一般居住区）平面底图

环境和社区氛围，促进居民身心和谐发展。

（5）注重创造与现代户外休闲交往生活相适应的场所，并注意与周边自然环境有机结合，形成“安全、清洁、方便、舒适”，“宽敞、阳光、安静、文明”的居住区户外生活环境。

（6）设计应符合审美及艺术原则，在形态、尺度、比例、质感、色彩上要相互协调。

4. 成果要求

A1 图纸不少于 2 张。手绘或电脑制图，也可二者结合，表现形式不限。主要包含以下内容：

（1）总平面图比例 1∶500。

根据居住区规划布局和功能要求，进行功能分区、道路组织、植物种植及地形设计、水体设计等。图纸应包括图例、比例尺、指北针及相关设计说明等。

（2）整体鸟瞰图。

注意尺度、远近、光影关系。

（3）节点设计图。

不少于 3 处，含平面图、立面图、剖面图和效果图，比例 1∶200 或 1∶300，需含小区主、次入口放大详细设计图一处。

（4）分析图。

含区位和周边环境分析、现状分析、功能布局分析、空间及景观视线分析、交通流线分析、竖向分析和植物设计分析等，比例自定。

（5）设计说明。

不少于 600 字，对设计思路、功能分区、道路体系、竖向设计、种植设计、空间体系、景观节点、园林建筑、小品及服务设施等内容进行详细说明。

（6）编制必要的表格。如用地平衡表、苗木统计表。

用地平衡表

项目	面积/m^2	占地比例/%	备注
绿地			
水体			
广场硬地			
道路与停车场地			
建筑			
总面积/m^2			

5. 进度安排

周次	设计进度	课外要求	备注
1	布置任务： 明确设计任务要求，分析和绘制现状图，并进行初步方案构思与表达	学习相关设计标准和规范；收集研读典型居住区景观规划设计案例不少于 2 个	一草阶段： 占总成绩 10%

续表

周次	设计进度	课外要求	备注
2	一草方案构思与表达： 收集并深入研读相关资料。对居住区周边环境、场地现状、交通流量、功能分区等进行分析，提出设计理念及主题。绘制一草方案图	一草方案深入表达	一草阶段： 占总成绩10%
3	一草方案的探讨与调整： 一草方案汇报交流；提出修改意见建议并进行进一步的修改和完善	一草方案的修改和完善，形成二草方案	
4	二草方案的探讨与调整： 二草方案汇报交流；提出修改意见建议并进行进一步的修改和完善	二草方案的修改和完善，形成三草方案	二草、三草阶段： 占总成绩10%
5	三草方案的探讨与调整： 三草方案汇报交流；提出修改意见建议并进行修改和完善	三草方案修改和完善，完成平面图方案；提出专项及节点设计方案	
6	专项及节点设计方案的探讨与调整： 专项及节点设计方案汇报交流；提出修改意见建议并进行修改和完善	完善专项及节点设计方案（含平面图、立面图、剖面图和效果图）；提出植物种植设计方案	专项及节点设计阶段： 占总成绩5%
7	种植设计方案的探讨与调整： 种植设计方案汇报交流；提出修改意见建议并进行修改和完善	修改和完善植物种植设计方案；绘制植物名录表、编写设计说明	种植设计阶段： 占总成绩5%
8	成果制作阶段： 修改完善植物名录表、设计说明、经济技术指标等内容；版面设计；绘制正图及相关内容	完成设计全部工作	成果制作阶段： 占总成绩70%

6. 参考资料推荐

[1] 孙华. 浅谈居住区景观规划设计 [J]. 中国园艺文摘，2013，(3)：128-129.

[2] 藏青茹. 现代城市居住小区的园林景观设计 [J]. 花卉，2018，(6)：24-25.

[3] 王雪涛. 浅析居住区绿地的植物配置 [J]. 中国林业，2017，(2)：55.

［4］张鲁山. 居住区环境设计［J］. 住宅科技，1998，(10)：5-8.

［5］张庆林. 浅谈居住区绿地生态景观设计［J］. 城市建设，2017，(18)：14.

［6］卢羿. 中国古典园林设计手法在现代居住区景观设计中的应用［J］. 南方农业，2016，10 (12)：112-113.

［7］周岚. 现代园林景观设计中古典园林设计思想的运用［J］. 现代园艺，2015，(24)：125.

［8］赫菲. 中国古典园林设计手法在现代居住区景观设计中的应用［J］. 规划师，2012，(S2)：138-140.

［9］李玲. 现代居住区景观设计中中国古典园林设计手法的应用探讨［J］. 房地产导刊，2015，(14)：288.

［10］许启伟. 论诗情画意在现代园林中的体现［J］. 新闻爱好者：上半月，2010，(2)：73.

［11］魏雯，毛志睿. 居住区景观综合评价模型构建与应用［J］. 安徽农业科学，2014，42 (34)：12162-12164.

［12］建设部住宅产业化促进中心. 居住区环境景观设计导则［M］. 北京：中国建筑工业出版社，2009.

（二）实训二　别墅区

1. 目的

(1) 了解别墅区建设的发展历程，熟悉别墅区规划设计的相关技术指标要求；了解别墅建筑的风格、类型、布置形式，熟悉国内外别墅区绿地景观建设的发展状况、研究动态等。

(2) 了解别墅区与一般居住区规划设计的异同，掌握别墅区绿地景观规划设计的特殊要求。

(3) 能根据别墅区的场地自然历史条件、建筑布局、建筑风格提出与之相应的特色鲜明的设计主题和景观规划结构，掌握别墅区绿地景观规划设计的主要内容和一般特点。

(4) 能结合别墅区居住人群的心理行为特点和户外生活需求，规划设计体现住户兴趣爱好的别墅私家庭院和各级共享公共空间，掌握精致化、高品质空间的景观设计要求。

2. 内容

项目位于北京市郊区某别墅群中部，北邻 20m 宽的城市绿化隔离带、市政道路和住宅区，南邻河堤路及规划河道，西邻城市支路及别墅西区，东为市政道路及别墅东区，总面积约9.3hm²，具有极高的开发前景。别墅区内建筑呈周边式分布，含独栋、联排叠拼和洋房三种建筑类型，共47幢，127户。其中2层独栋别墅39幢，房型面积为220～450m²，呈L型分布于用地西侧和南侧；4层联排叠拼建筑7幢，房型面积为320～510m²，其中6幢以行列式错落状分布于用地北侧，另一幢位于别墅区东入口南侧；10层洋房1幢，房型面积为150～230m²，位于用地东北角；小区另有会所一幢，位于别墅区北侧出入口处。项目建筑容积率0.4、绿地率达44%以上。别墅区人车分流，设出入口3个，分别位于用地北侧和东侧。其中东侧出入口为小区主出入口及地下车库入口，北侧出入口为人行出入口及地下车库出口，东北侧人行专用出入口，详细情况如图2-4所示。

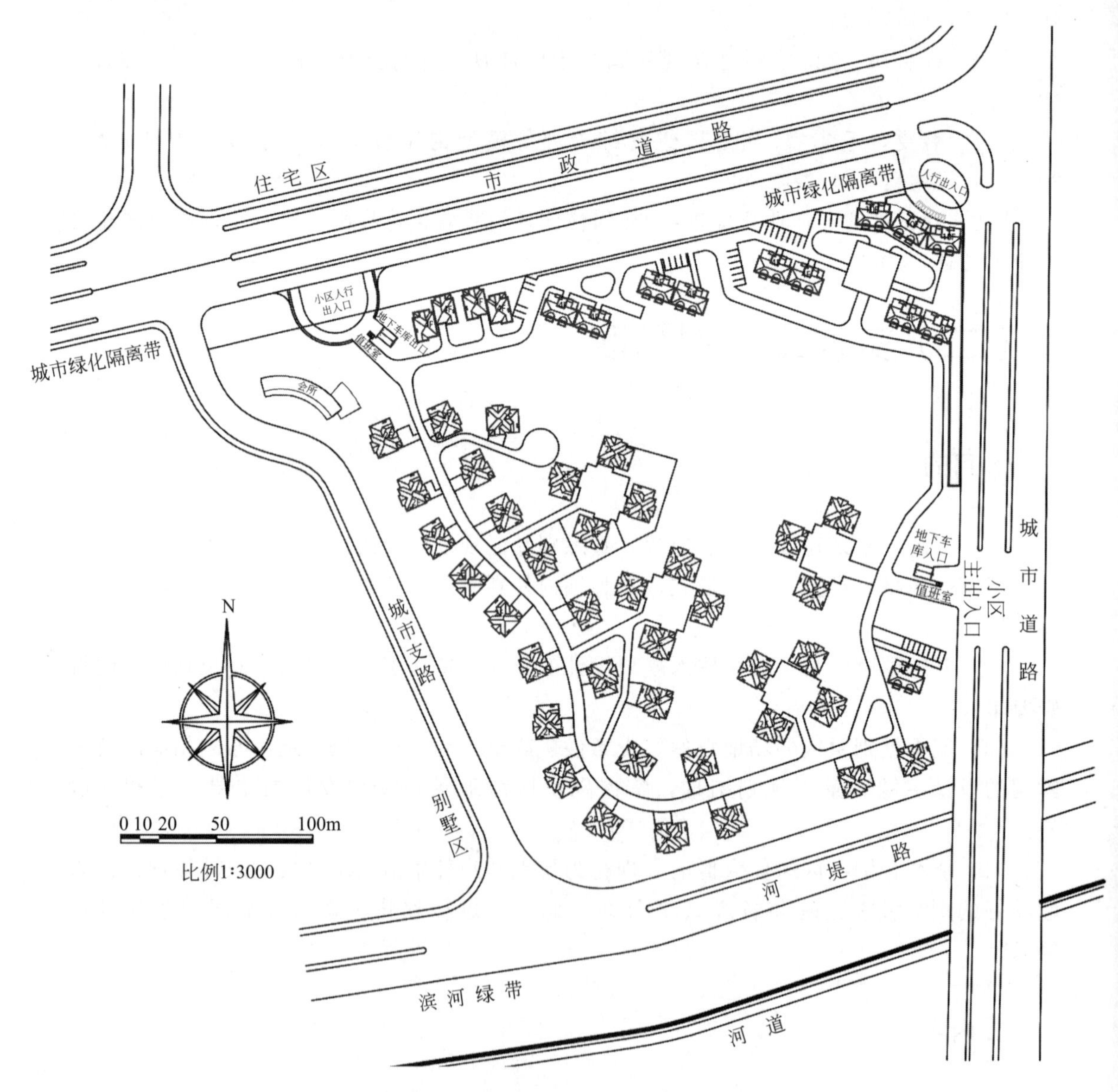

图2-4　任务（别墅区）平面底图

3. 设计要求

（1）项目定位为高档别墅区，整体风格为法式现代建筑风格，外立面为灰色花岗岩石材。景观设计应综合考虑与建筑形态、立面风格的协调统一，软硬景观合理搭配，营造生态自然、富有内涵的绿化空间。以绿化的手段塑造文化意境，反映别墅区的居住文化，体现别墅区高层次的文化内涵，彰显别墅区的独特个性，将别墅区建设成为高品质、高档次的墅区环境典范。

（2）收集别墅区景观规划设计优秀案例 2 个，分析其设计风格、设计理念、设计主题、景观内容等，为本案景观规划设计奠定基础。

（3）研究别墅区所处区域的规划设计要求、人文历史、自然资源、气候条件等，研究别墅区的周边环境、建设现状，研究别墅建筑的布局、风格、类型、功能和外部空间特点，研究别墅区的道路交通体系、基本经济技术指标等，并进行详细分析和阐述。

（4）别墅区景观空间应以公共绿地为核心，将分布在别墅区内的住宅建筑联为一体，每个住宅单元在整体风格统一的同时又要各具特点，使得别墅区公共绿地真正成为业主共享的半私密空间，同时保证在住宅区间形成交流感及互动性更强的景观绿化系统，开放有度，变化丰富，并保证与外部公共空间的景观连续性。

（5）别墅区北侧、东侧为繁忙的市政道路，交通噪声、尾气污染强度大且作为场地现实条件不可改变，应结合造景策略为别墅区创造幽静舒适的生活环境；别墅区南侧为天然林带及河道屏障，为别墅区营造了天然的绿色基础，在景观设计上应充分考虑发挥其优势。

（6）别墅区入口形象设计，应体现别墅区的尊贵感。小区规划 3 个出入口，应考虑人车分流、主次有别。

（7）别墅区公共空间设计，应充分利用地形和建筑划分组织空间，满足别墅区环境在安全、方便、舒适、公共性和私密性等方面的要求，形成多种空间形式，如疏林草地、山丘小径、山石溪流、喷泉广场，并合理利用景观遮挡或弱化环境中的设施设备。

（8）别墅区私家庭院景观设计，别墅区面积不大，宜在共享公共空间合理的前提下保证私家庭院景观面积最大化。别墅区私家花园设计，应考虑住户兴趣爱好，满足私家花园的私密性、独享性、参与性兴趣，并考虑内外观赏效果，协调好围界、围界门和公共空间的关系。同时还应考虑设置一些面积小、空间丰富、精致宜人的景观休闲场地，可考虑室外家具布置，如遮阳伞、活动花箱等的使用。

（9）水景设计，考虑亲水性需求，别墅区应设置水系或水景，建议设置小的水景做点缀，不建议大水系。

（10）道路景观设计，别墅区作为高品质的生活住区应满足人车分流，在满足通行、停车、路边停留、垃圾投放清运需要的同时，要充分考虑道路、停车位、隐形消防车道、搬家用车道、地下车库及地库出入口与景观的关系。

（11）植物景观设计，选择植物配置及细部处理要考虑北京当地气候特点，按照适地适树的原则进行植物规划，强调植物分布的地域性和地方特色，充分发挥植物的各种功能和观赏特点，合理配置，常绿与落叶、速生与慢生相结合，构成层次丰富、高低错落、疏密有致、季相变化的复合生态结构，达到人工配置的植物群落自然和谐，以绿化的手段塑造文化意境。

（12）结合总体设计风格考虑标识系统设计。

（13）根据别墅区项目用地指标规定，满足建筑容积率0.4、绿地率≥44%要求。

4. 成果要求

A1图纸不少于3张。手绘或电脑制图，也可二者结合，表现形式不限。主要包含以下内容：

（1）分析平面图。

含区位分析、功能分析、交通分析、景观视线分析等，比例自定。

（2）总平面图比例1∶500。

按照绿地的功能进行功能分区，道路系统、场地分布、建筑小品类型及位置的确定，包括含景点名称、图例、指北针、设计说明。

（3）地形和竖向设计图比例1∶500。

标注设计等高线，表达整体地形关系，标注排水方向，标注局部地形最低点、最高点标高。

（4）植物景观规划设计图。

图中应包括植物名录（编号、植物名称、规格、数量等）。

（5）主入口、中心景观及重要节点详细设计图，含平面图、立面图、剖面图和效果图等，比例自定。应结合建筑及场地景观进行绘制，需明确反映景观与建筑及周边的竖向关系。

（6）局部鸟瞰图。

（7）小品、雕塑、景墙等的设计图。

（8）铺装、休憩设施，灯光照明等意向图。

（9）方案设计说明书。

不少于600字，完整表达项目概况，设计思路、功能和景观分区、景观节点、种植设计、园林建筑及小品等内容。

（10）经济技术指标表，精确到小数点后2位。

经济技术指标表

项目	面积/m^2	占地比例/%	备注
绿地			
水体			
广场硬地			
道路与停车场地			

续表

项目	面积/m^2	占地比例/%	备注
建筑			
总面积/m^2			

5. 进度安排

周次	设计进度	课外要求	备注
1	布置任务： 明确设计任务要求，分析和绘制现状图，并进行初步方案构思与表达	学习有关设计标准和规范；分析研读典型案例不少于2个	一草阶段： 占总成绩10%
2	一草方案构思与表达： 进行别墅区所处区域、周边环境、场地条件、功能分区、优劣势等的分析，提出设计理念及主题。绘制一草方案图	一草深入表达	
3	一草方案的探讨与调整： 一草方案汇报交流；提出修改意见建议并进行进一步的修改和完善	一草方案的修改和完善，形成二草方案	
4	二草方案的探讨与调整： 二草方案汇报交流；提出修改意见建议并进行进一步的修改和完善	二草方案的修改和完善，形成三草方案	二草、三草阶段： 占总成绩10%
5	三草方案的探讨与调整： 三草方案汇报交流；提出修改意见建议并进行修改和完善	三草方案修改和完善，完成平面图方案；提出专项及节点设计方案	
6	专项及节点设计方案的探讨与调整： 专项及节点设计方案汇报交流；提出修改意见建议并进行修改和完善	完善专项及节点设计方案（含平面图、立面图、剖面图和效果图）；提出植物种植设计方案	专项及节点设计阶段： 占总成绩5%
7	种植设计方案的探讨与调整： 种植设计方案汇报交流；提出修改意见建议并进行修改和完善	修改和完善植物种植设计方案；绘制植物名录表、编写设计说明	种植设计阶段： 占总成绩5%

续表

周次	设计进度	课外要求	备注
8	成果制作阶段： 修改完善植物名录表、设计说明、经济技术指标等内容；版面设计；绘制正图及相关内容	完成设计全部工作	成果制作阶段： 占总成绩70%

6. 参考资料推荐

[1] DB11/T 214—2003. 居住区绿地设计规范.

[2] 彭静，郭勇君. 生态园林景观设计与植物配置分析 [J]. 南方农业，2015，9 (36)：92.

[3] 苏琳，赵伟韬，王娜，等. 别墅庭园景观的设计原理 [J]. 农业科技与装备，2010，(06)：37-39.

[4] 陈易. 生态观与结合自然的人居环境建设 [J]. 时代建筑，1995，(3)：12-18.

[5] 吴钢，王红丽. 渡上别墅区的规划设计创新 [J]. 中国园林，2005，(04)：13-17.

[6] 边文娟. 古典园林设计手法在居住区景观设计中的生命力 [J]. 现代园艺，2011，(12X)：85.

[7] 金燕. 我国城市居住区景观设计发展趋势的探讨 [J]. 艺术科技，2014，27 (3)：326.

[8] 廖家民. 园林设计过程中需要遵循的原则 [J]. 现代园艺，2014，(10)：85.

[9] 代香存，宫明军. 现代居住区景观设计的“形”与“势” [J]. 中国园艺文摘，2014，30 (8)：122-124.

三、广场景观设计

（一）实训一　社区广场

1. 概况

随着社区规划的发展，社区广场的景观设计在我国城市建设高速发展的今天迅速增多，引起人们的广泛关注。社区广场正在成为城市居民生活的一部分，它被越来越多的人重视，为我们的居住环境提供了更多的休闲活动空间。在日益走向开放、多元的今天，社区广场这一载体所蕴含的诸多信息，成为一个景观规划设计深入研究的课题。

2. 目的

（1）从城市居住区广场着手，熟悉广场和周围建筑内之间的相互关系、功能需求、景观需求、人性化设计需求等，进而有目的地进行社区广场景观设计。

（2）培养学生主动观察与分析广场用地功能的能力，关注社区广场发展动态和人在广场中的各种行为需求，进而有目的地安排相应的景观元素。

（3）通过本课程设计，使学生学习和掌握社区广场设计的内容与方法，掌握广场设计的总体布局、功能分区、空间划分、交通组织、场地设计、景观设计、地形设计以及种植设计等的方法。

（4）掌握城市外部空间设计的基本尺度，根据人在外部环境空间中的行为心理和活动规律进行设计，巩固和加强调查分析、综合思考的能力，并强调整体的设计方法。

（5）熟悉城市社区广场设计的相关规范和要求。

3. 内容

完成某社区广场（约 7600m^2）的规划设计，基地位于华中地区某城市（也可自选城市）。设计范围为社区内环状道路围合的长方形社区广场，与周围两栋住宅楼毗邻。详细情况见图 2-5。

4. 设计要求

（1）收集并分析现状基础资料和相关背景资料，研究该区域城市总体规划及该区域的发展状况、经济条件、自然资源和人文历史资源等，根据现状居住建筑的位置、面积、周围环境等现状，分析该社区广场使用对象的行为需求及空间功能的划分，并提出相应的文字或图示结构，形成设计理念。

（2）分析场地建设条件（地形、小气候、植被等），分析视线条件（场地内外建筑和社区道路景观的利用、视线和视廊），分析人流和车流交通状况，根据现状条件，提出合理的分析图，包括功能分区结构、空间组织结构、道路交通结构和景观视线组织结构图。

（3）分析场地与道路、人流量的关系，分析并提出人流活动空间的组织方式和交通系统组织，考虑广场主次入口与周围社区道路，停车及疏散的关系，确定与残疾人通行相应的道路联系方式及坡度（无障碍设计）。合理布置广场场地道路系统，有效组织游憩路线与活动场地，构筑功能多样、多层次的景观空间。

（4）掌握社区广场外部空间设计的尺度，并运用人在外部环境空间的行为心理和活动规律，设计符合综合性社区广场的各种功能的景观空间，适当考虑动静分区、空间的开敞与郁闭的变化方面的要求。

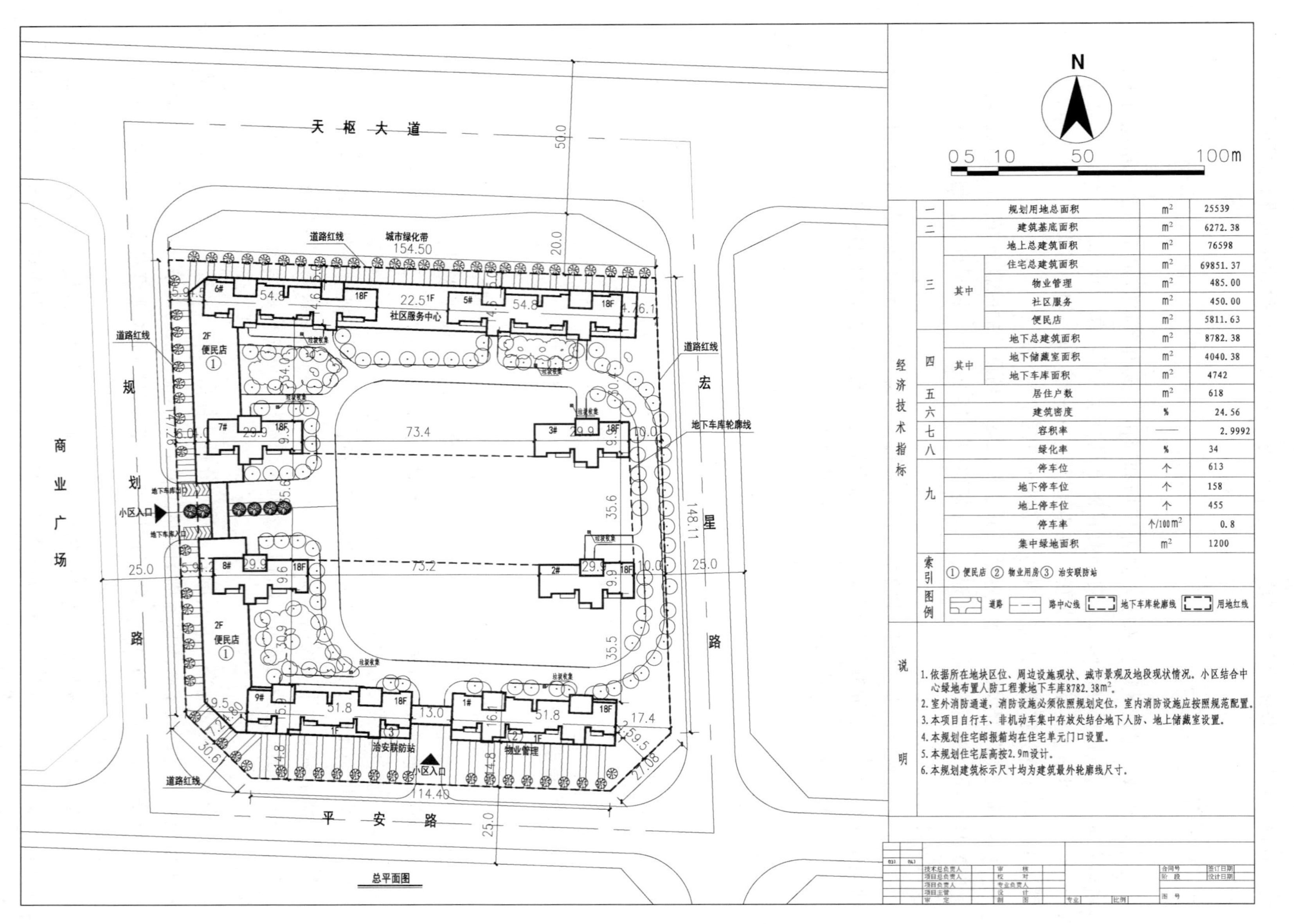

图 2-5 任务（社区广场）平面底图

（5）种植设计因地制宜，适地适树，选用各种落叶乔木、常绿乔木、灌木、地被植物、水生植物。结合不同区域景观特点，运用高低不同、形态各异、色彩丰富的植物种类进行植物造景。在风格设计上，力求使每个分区都体现主调树种，突出四季变化，再配合各层次的植物，使绿地植物配置方式富于变化，达到步移景异的效果。

（6）选择或设计适宜的景观小品，既要满足使用要求，又要满足景观要求。小品设计应考虑尺度、质感、色彩与环境相协调，可以增加其互动性和参与性。

（7）各类设计指标应满足“居住区广场设计规范”要求，绿地率不小于30%。

5. 成果要求

（1）手绘或电脑制图，或两者结合，表现形式不限，A1图幅不少于3张（图纸成套统一）。

（2）区位及周边环境分析图，比例自定。

（3）现状分析图，比例自定。

（4）功能分区图，比例自定。

（5）景观空间与景观视线分析图，比例自定。

（6）总平面图，比例1∶500。按照广场用地的功能要求进行场地功能分区，布置道路系统、确定场地布局、设置地形、确定建筑小品类型及位置、选定植物配置方式和种类；并配有图例、简单设计说明。

（7）地形与竖向设计图，比例1∶500。标注设计等高线，表达整体的地形关系。确定±0.00。标注排水方向，标注局部地形最低点标高。

（8）植物景观规划图，比例1∶500。包括植物名录（编号、植物名称、规格、数量）。

（9）道路系统与游览线路规划图，比例自定。

（10）重要景观节点详细设计图（不少于4个景观节点）（包括平面图、立面图、剖面图、透视图），比例1∶100或1∶200。

（11）全园鸟瞰图（A2图幅）。

（12）规划设计说明书。要求简明扼要，完整表达设计思路。对设计思路、功能分区、景区景点、种植设计、园林建筑及小品等内容进行详细说明。编制必要的表格，如用地平衡表、苗木统计表等。字数不少于1000字。

（13）绘制用地平衡表（数值要求精确到小数点后2位）。

用地平衡表

项目	面积/hm^2	占地比例/%	备注
广场硬地			
绿化			
水体			

续表

项目	面积/hm^2	占地比例/%	备注
道路与停车			
景观建筑			

6. 进度安排

周次	设计进度	课外要求	备注
1	布置题目，明确任务	现状分析，收集资料，学习《居住区景观规划设计规范》，收集 2 个有代表性的居住区广场案例	一草阶段需要完成现状分析图，方案构思等，占总成绩 10%
2	收集资料，构思方案；完成场地现状分析、功能分析、道路与游览路线分析；构思一草	主题深入设计	
3	构思与调整一草方案，评图	方案修改、完善	
4	二草阶段，方案深入，评图	方案修改、完善	二草阶段需要深化构思，规划构思相关专项，完成总平面图，占总成绩 10%
5	完成二草方案，规划构思相关专项（如地形及竖向设计）	完善竖向设计图	
6	重要景观节点的设计（平面图、立面图、剖面图）	完善节点设计	占总成绩 5%
7	完成植物设计	完善植物设计	占总成绩 5%
8	成果制作	完成正图	正图阶段需完成设计全部内容，占总成绩 70%

7. 参考资料推荐

[1] GB 50180—2018. 城市居住区规划设计标准.

[2] 唐学山，等. 园林设计 [M]. 北京：中国林业出版社，1997.

[3] 万敏. 广场工程景观设计的理论与实践 [M]. 武汉：华中科技大学出版社，2017.

[4] 秦一博. 广场景观设计项目教程 [M]. 北京：人民邮电出版社，2017.

[5] 赵景伟，代朋，陈敏. 居住区规划设计 [M]. 武汉：华中科技大学出版社，2020.

[6] 张燕. 居住区规划设计 [M]. 第二版. 北京：北京大学出版社，2019.

（二）实训二　街区广场

1. 概况

随着临街商业的发展，街区商业广场的景观设计在我国城市建设高速发展的今天迅速增多，引起人们的广泛关注。街区广场正在成为城市居民生活的一部分，它的出现被越来越多的人接受，为我们的生活空间提供了更多的物质线索。街区广场是城市广场中的一种，作为城市艺术建设类型，它既承袭传统和历史，也传递着美的韵律和节奏，是一种公共艺术形态，也是一种城市构成的重要元素。在日益走向开放、多元的今天，城市广场这一载体所蕴含的诸多信息，成为一个景观规划设计深入研究的课题。

2. 目的

（1）从城市街区的综合性商业和生活广场着手，熟悉广场和周围建筑之间的相互关系、功能需求、景观需求、人性化设计需求等，进而有目的地进行街区广场景观设计。

（2）培养学生主动观察与分析广场用地功能的能力，关注城市广场发展动态和人在广场中的各种行为需求，进而有目的地安排相应的景观元素。

（3）通过本课程设计，使学生学习和掌握街区广场设计的内容与方法，掌握广场设计的总体布局、功能分区、空间划分、交通组织、场地设计、景观设计、地形设计以及种植设计等的方法。

（4）掌握城市外部空间设计的基本尺度，根据人在外部环境空间中的行为心理和活动规律进行设计，巩固和加强调查分析、综合思考的能力，并强调整体的设计方法。

（5）熟悉城市街区广场设计的相关规范和要求。

3. 内容

完成某街区广场（约 8500m^2）的规划设计，基地位于华中地区某城市（也可自选城市）。设计范围为四个半封闭的底商建筑围合的四块长方形商业广场和连接四块广场的 15m 建筑退后红线用地（其中南北朝向的五栋住宅楼高 18 层，底商部分为两层新中式商业建筑。用地四旁情况：西侧和东侧均为为居住小区，北侧毗邻城市滨河绿带，南侧毗邻新建地区金融中心）及 3m 道路绿化带。详细情况见图 2-6 中点划线围合部分。

4. 设计要求

（1）收集并分析现状基础资料和相关背景资料，研究该区域城市总体规划及该区域的发展状况、经济条件、自然资源和人文历史资源等。根据现状居住建筑和底商的位置、

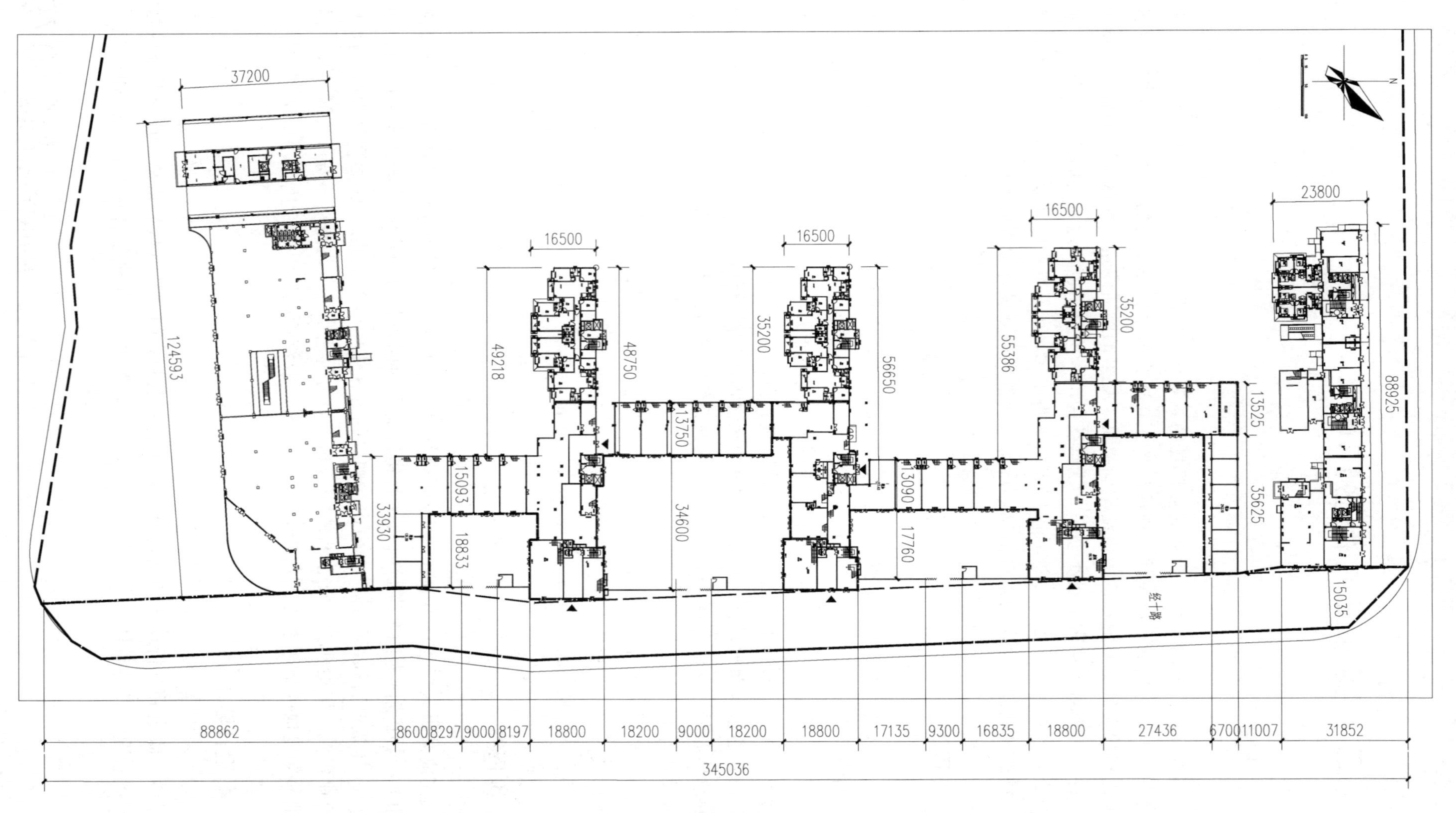

图 2-6 任务（街区广场）平面底图（单位：mm）

面积、周围环境等现状，分析广场使用对象的行为需求及空间功能的划分，并提出相应的文字或图示结构，形成设计理念。

（2）分析场地建设条件（地形、小气候、植被等），分析视线条件（场地内、外建筑和街道景观的利用，视线和视廊），分析人流和车流交通状况。根据现状条件，提出合理的分析图，包括功能分区结构、空间组织结构、道路交通结构和景观视线组织结构图。

（3）分析场地与道路以及人流量的关系，分析并提出人流活动空间的组织方式和交通系统组织，考虑入口与周围城市道路，停车及疏散的关系，确定与残疾人通行相应的道路联系方式及坡度（无障碍设计）。合理布置广场场地道路系统（包括停车），有效组织游憩路线与活动场地，构筑多变、多层次的景观序列与空间。

（4）熟悉城市广场的外部空间设计的尺度，运用人在外部环境空间的行为心理和活动规律，设计符合综合性商业广场的各种功能的环境空间，适当考虑动静分区、空间的开敞与郁闭、公共性和私密性的要求。

（5）种植设计因地制宜，适地适树，选用各种落叶乔木、常绿乔木、灌木、地被植物、水生植物。结合不同区域景观特点，运用高低不同，形态各异，色彩丰富的植物种类进行植物造景，在风格设计上，力求使每个分区都体现主调树种，突出四季变化，再配合各层次的植物，使绿地植物配置方式富于变化，达到步移景异的效果。

（6）分析并确定综合性商业广场相应配套设施的内容、规模和布置方式，并表达其平面组织形式及空间造型。要求服务设施完善，满足使用要求。

（7）选择或设计适宜的景观小品，既要满足使用要求，又要满足景观要求。小品设计应考虑尺度、质感、色彩与环境相协调，可以增加其互动性和参与性设计。

（8）各类设计指标应满足《城市广场规范》要求，绿地率应不小于30%。

5. 成果要求

（1）手绘或电脑制图，或两者结合，表现形式不限，A1图幅不少于3张（图纸成套统一）。

（2）区位及周边环境分析图，比例自定。

（3）现状分析图，比例自定。

（4）功能分区图，比例自定。

（5）景观空间与景观视线分析图，比例自定。

（6）总平面图，比例1∶1000。按照广场用地的功能要求进行场地功能分区，布置道路系统、确定场地布局、设置地形、确定建筑小品类型及位置、选定植物配置方式和种类；并配有图例、简单设计说明。

（7）地形与竖向设计图，比例1∶1000。标注设计等高线，表达整体的地形关系。确定±0.00。标注排水方向，标注局部地形最低点标高。

（8）植物景观规划图，比例1∶1000。包括植物名录（编号、植物名称、规格、数量）。

（9）道路系统与游览线路规划图，比例自定。

（10）重要景观节点详细设计图（不少于4个景观节点）（包括平面图、立面图、剖面图、透视图），比例1∶200或1∶500。

（11）全园鸟瞰图（A2图幅）或4个局部鸟瞰图（四张图平均分配在A1图幅内）。

（12）规划设计说明书。要求简明扼要，完整表达设计思路。对设计思路、功能分区、景区景点、种植设计、园林建筑及小品等内容进行详细说明。编制必要的表格，如用地平衡表、苗木统计表等。字数不少于1000字。

（13）绘制用地平衡表（数值要求精确到小数点后2位）。

用地平衡表

项目	面积/hm^2	占地比例/%	备注
广场硬地			
绿化			
水体			
道路与停车			
景观建筑			

6. 进度安排

周次	设计进度	课外要求	备注
1	布置题目，明确任务	现状分析，收集资料，学习《城市广场设计规范》，收集2个有代表性的广场案例	一草阶段需要完成现状分析图，方案构思等，占总成绩10%
2	收集资料，构思方案；完成场地现状分析、功能分析、道路与游览路线分析；构思一草	主题深入设计	
3	构思与调整一草方案，评图	方案修改、完善	
4	二草阶段，方案深入，评图	方案修改、完善	二草阶段需要深化构思，规划构思相关专项，完成总平面图，占总成绩10%
5	完成二草方案，规划构思相关专项（如地形及竖向设计）	完善竖向设计图	
6	重要景观节点的设计（平面图、立面图、剖面图）	完善节点设计	占总成绩5%
7	完成植物设计	完善植物设计	占总成绩5%
8	成果制作	完成正图	正图阶段需完成设计全部内容，占总成绩70%

7. 参考资料推荐

[1] 唐学山，等. 园林设计 [M]. 北京：中国林业出版社，1997.

[2] 万敏. 广场工程景观设计的理论与实践 [M]. 武汉：华中科技大学出版社，2017.

[3] 秦一博. 广场景观设计项目教程 [M]. 北京：人民邮电出版社，2017.

[4] 高迪国际出版公司编. 最新城市广场景观 [M]. 陶立军等译. 大连：大连理工大学出版社，2013.

[5] 凤凰空间-华南编辑部. 开放式街区规划与设计 [M]. 南京：江苏凤凰科学技术出版社，2018.

[6] [美] 格兰特. W. 里德，美国风景园林设计师协会. 园林景观设计：从概念到形式 [M]. 郑淮兵译. 北京：中国建筑工业出版社，2010.

四、厂区景观设计

1. 目的

(1) 了解工厂企业绿地建设的重要意义。

(2) 了解工厂企业的用地组成和各组成部分的一般特点。

(3) 掌握工厂企业绿地的布局形式及工厂企业绿地区别于其他绿地的重要特征。

(4) 掌握工厂企业各组成部分的绿地规划设计要求。

(5) 掌握工厂企业绿化植物的选择原则及其在工厂企业绿化中的特殊作用。

(6) 熟悉工厂企业绿地规划设计的相关标准及规范。

2. 内容

该厂区为北方某城市经济技术开发区的中水处理厂，用地总面积约 5.3hm^2，其中建（构）筑物占地约 2.3hm^2，道路、广场等铺装占地约 1.6hm^2，绿化面积约 1.4hm^2。厂区北邻城市道路，西侧为林地，南侧和东侧为河流。用地范围呈三角形，北部东西两侧分别设有物流和人员出入口，含管理服务区、辅助设施区、生产工作区及待建绿地一处。管理服务区位于厂区东北角，主要为生产服务用房；辅助设施区位于厂区北侧，物流和人员出入口之间，含高压配电间、母液池和消防水池、蒸发结晶车间及锅炉房等；生产工作区位于场地西侧，设有膜及电渗析车间，均质池、锰砂滤池、活性炭滤池、机械加速澄清池等净水池；待建绿地位于场地中部偏东位置，面积约 0.6hm^2。厂区绿化区域包括厂房周围、净水池周围、厂区入口以及待建绿地，厂区四周要加围墙和植物形成隔挡。厂区用地红线、厂房布置、净水池及道路分布等如图 2-7 所示。

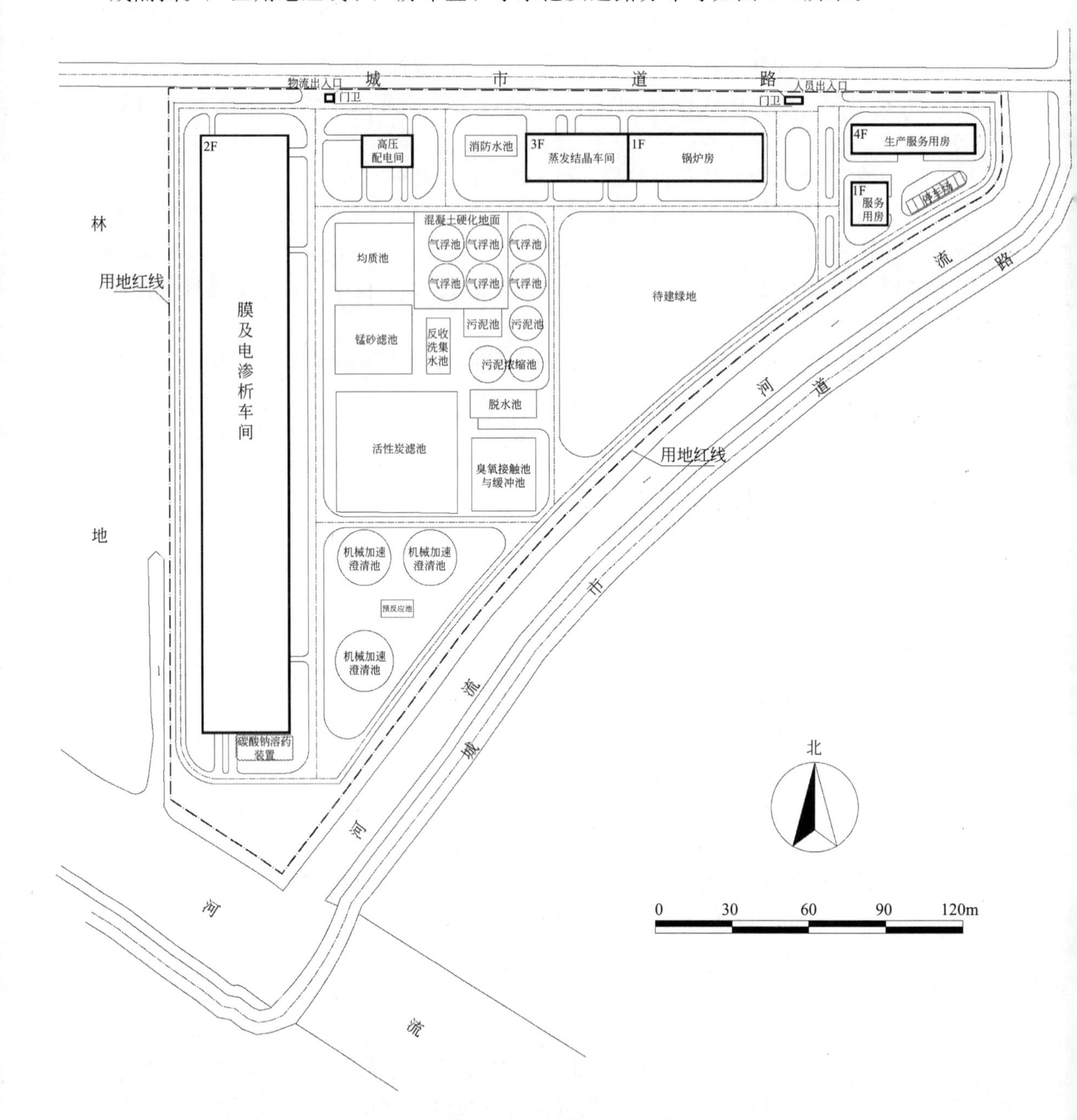

图 2-7　任务（厂区景观设计）平面底图

3. 设计要求

（1）前期调研，查阅、收集场地基础资料：①了解工厂所处区域的经济条件、发展状况、历史人文以及上位规划要求；②研究工厂所处地域水文、人文、气候、地形以及历史典故资料；③熟悉工厂周边情况。总结和完善相关文字和图纸资料。

（2）查找工厂绿地规划设计优秀案例2个，分析其设计依据、设计原则、设计理念、绿地布局和设计亮点。

（3）研究工厂企业文化特点及生产工艺流程，了解工厂职工的构成及工作特点，了解使用者的行为习惯及心理需求等。

（4）分析工厂各组成部分及配套服务设施内容、规模、形式等，确定工厂绿地的布局形式，打造体现企业文化特色的景观节点。

（5）满足工厂生产工艺流程要求，确定工厂绿化植物种类，营造特色鲜明的植物景观。

4. 成果要求

A1图纸不少于2张。手绘或电脑制图，也可二者结合，表现形式不限。主要包含以下内容：

（1）总平面图比例1∶500。

根据工厂规划布局和功能要求，进行功能分区、道路组织、植物种植及地形设计等；图纸应包括图例、比例尺、指北针及相关设计说明等。

（2）总体鸟瞰图。

注意尺度、远近、光影关系。

（3）节点设计图。

不少于2处，含平面图、立面图、剖面图和效果图，比例1∶200或1∶300。

（4）分析图。

含区位和周边环境分析、现状分析、功能布局分析、空间及景观视线分析、交通流线分析、竖向分析和植物设计分析等，比例自定。

（5）规划设计说明书。

简明扼要地表达项目概况、设计原则、设计理念、功能分区及景点设计等，不少于800字。

（6）苗木统计表。

含编号、中文名、拉丁名、规格、数量、备注等。

（7）经济技术指标表，精确到小数点后2位。

经济技术指标表

项目	面积/m^2	占地比例/%	备注
绿地			
水体			
广场			
道路与停车场			

续表

项目	面积/m²	占地比例/%	备注
建筑			
总面积/m²			

5. 进度安排

周次	设计进度	课外要求	备注
1	布置任务： 明确设计任务要求，分析和绘制现状图，并进行初步方案构思与表达	学习相关设计标准和规范；收集研读花园式化工厂景观规划设计优秀案例不少于2个	一草阶段： 占总成绩10%
2	一草方案构思与表达： 进行企业文化、周边环境、场地条件、工艺流程、功能分区等分析，提出设计理念及主题。绘制一草方案图	一草方案深入表达	
3	一草方案的探讨与调整： 一草方案汇报交流；提出修改意见建议并进行进一步的修改和完善	一草方案的修改和完善，形成二草方案	
4	二草方案的探讨与调整： 二草方案汇报交流；提出修改意见建议并进行进一步的修改和完善	二草方案的修改和完善，形成三草方案	二草、三草阶段： 占总成绩10%
5	三草方案的探讨与调整： 三草方案汇报交流；提出修改意见建议并进行修改和完善	三草方案修改和完善，完成平面图方案；提出专项及节点设计方案	
6	专项及节点设计方案的探讨与调整： 专项及节点设计方案汇报交流；提出修改意见建议并进行修改和完善	完善专项及节点设计方案（含平面图、立面图、剖面图和效果图）；提出植物种植设计方案	专项及节点设计阶段： 占总成绩5%
7	种植设计方案的探讨与调整： 种植设计方案汇报交流；提出修改意见建议并进行修改和完善	修改和完善植物种植设计方案；绘制植物名录表、编写设计说明	种植设计阶段： 占总成绩5%

续表

周次	设计进度	课外要求	备注
8	成果制作阶段： 修改完善植物名录表、设计说明、经济技术指标等内容；版面设计；绘制正图及相关内容	完成设计全部工作	成果制作阶段： 占总成绩 70%

6. 参考资料推荐

[1] 刘健雄. 工厂园林景观规划设计探讨——以东莞市第六水厂厂区园林绿化为例[J]. 中国园艺文摘，2015，31（01）：120-122.

[2] 葛喜东，周小新. 厂区绿化规划浅议 [J]. 价值工程，2010，29（27）：33.

[3] 卓晓兰. 探讨水厂绿化注意事项 [J]. 低碳世界，2014，(23)：146-147.

[4] 范金萍，李奇石，钟进凯. 生态园林型水厂绿化设计方法初探 [J]. 中国林副特产，2004，(04)：69-70.

[5] 范金萍. 生态园林型水厂绿化设计方法研究 [D]. 哈尔滨：东北林业大学，2004.

[6] 曹敏. 一座美丽的欧陆式花园工厂——上海杨树浦水厂绿化特色及启示 [J]. 园林，1998，(05)：19-20.

[7] 喻弼群. 绿化在水厂建设中的作用与实践 [J]. 城市公用事业，1995，(04)：21-23.

[8] [美] 奥斯汀. 植物景观设计元素——国外景观设计丛书 [M]. 罗爱军译. 中国建筑工业出版社，2005.

五、滨水区景观设计

（一）实训一　滨湖景观设计

1. 目的

（1）从城市滨水公园着手，了解水域与城市各个空间及城市绿地之间的基本关系。

（2）结合滨水公园规划设计的相关理论知识，熟悉滨水公园规划设计的步骤与方法。

（3）通过本课程的设计学习，掌握滨水公园设计的内容与方法，掌握公园设计的总体布局、功能分区、景观分区、交通组织、地形设计以及种植设计等的方法。

（4）掌握外部空间设计的基本尺度，了解人们的亲水需求与行为心理，通过水体、地形、种植、建筑小品、道路等不同造园要素的结合进行合理的不同空间的营造。

（5）熟悉相关设计规范，掌握图纸表达的相关内容与规范，培养较好的概念表达、图纸表现和汇报的能力。

2. 内容

该项目为一处滨湖公园景观规划设计。基地位于华北地区某城市市中心一个面积约 $60hm^2$ 的人工湖泊，湖泊周围环以湖滨绿带，整个区域视线开阔，景观优美。近期拟对其核心的湖滨公园进行改造规划，该区域位于湖面的南部，范围面积约 $8hm^2$，滨湖公园南侧为城市主干道，东西两侧与其他湖滨绿带相邻，公园东侧为居住区。公园现状用地内部地形有一定变化，相邻湖面驳岸曲折，并可进行一定的改造，同时也可引水进入公园。其他相关内容见图 2-8。

3. 设计要求

（1）资料收集：收集并分析现状基础资料和相关背景资料。了解滨水景观的国内外发展趋势，收集滨水公园相关案例。

（2）现状分析：分析基地现状条件，包括区位分析、场地周边环境分析、场地现状分析等，根据现状条件，进行合理分析。

（3）概念构思：在现状分析的基础之上，对场地进行整体的设计构思，形成主要设计理念及概念构思。

（4）功能与空间分析：结合场地及周边环境，尤其是场地与城市及水域的关系，重点考虑滨水区域规划以及现状地形的特点，景观视线等，进行空间的整体规划。同时，根据人的需求考虑场地功能的设置、不同功能空间的营造，进行包括功能分区分析、空间组织结构分析、景观视线与景观结构分析、地形设计等规划设计分析。

（5）道路交通及游线分析：分析场地周边环境与场地之间的关系，考虑出入口设置、停车、无障碍设计等相应问题。进行场地道路系统规划及游线规划，合理布置园区道路系统（包括停车），有效组织游览路线，构筑多变、多层次的景观序列与空间。

（6）整体规划设计：根据前期各项分析，进行规划设计整合，完成总体规划设计。注意人的各项需求、行为心理及空间尺度的合理性。各类设计指标应满足《公园设计规范》要求。

（7）种植设计：结合当地的自然条件，以乡土树种为主，因地制宜选择树种。植物配置以乔木、灌木、地被相结合，常绿植物与落叶植物相结合，植物种类数量适当。通过植物造景手法营造出空间层次变化、色彩丰富、四季有景的植物景观特色。同时重点考虑滨水植物在滨水景观中的景观设计营造。

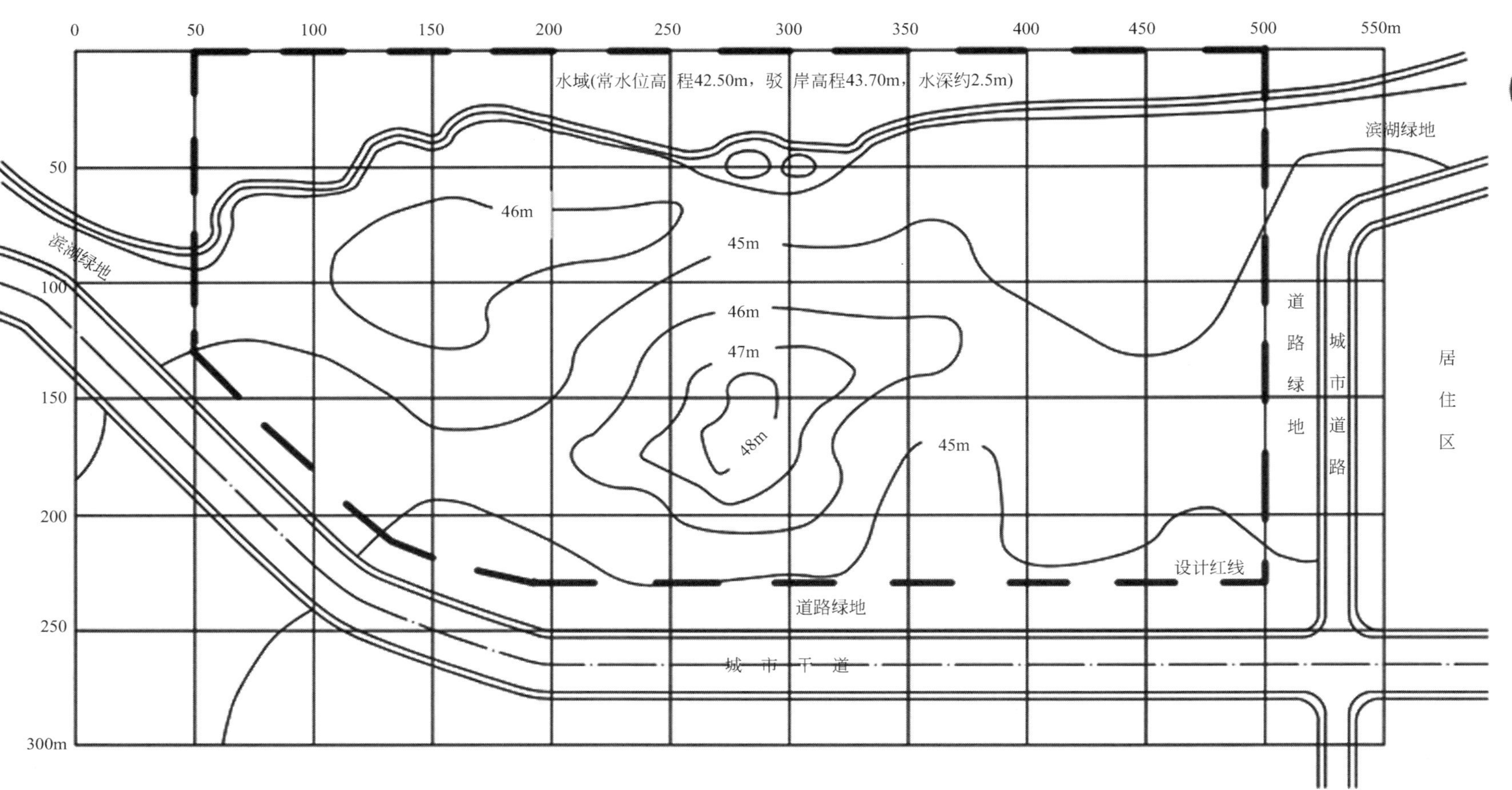

图 2-8 任务（滨湖景观设计）平面底图

（8）节点设计：结合总体规划，对重要景观节点进行深入设计，完善设计内容，突出设计概念。

（9）建筑小品与配套设施：分析并确定公园相应配套设施的内容，规模和布置方式，并表达其平面组织形式及空间造型。要求服务设施完善，满足使用要求。在考虑功能与景观的基础之上，选择设计适宜的景观小品，以突出公园整体景观特色。

（10）设计表现：按要求完成设计图纸，图面构图合理、美观、线条流畅；图例、比例尺、指北针、设计说明、文字和尺寸标注等要素齐全，符合制图规范。

4. 成果要求

（1）手绘或电脑制图，或两者结合，表现形式不限，A1 图幅不少于 2 张。

（2）主要图纸：

① 设计总平面图（含种植规划设计），比例自定，彩色表现，不小于 A2 图幅。

② 一定的分析图，如现状分析图、功能分区图、景观空间与景观视线分析图、地形与竖向设计图、道路系统分析图等。任选主要分析图纸表达，比例自定。

③ 两处主要节点的平面图、立面图或剖面图及透视效果图，比例自定，彩色表现。

④ 全园鸟瞰图（自选）。

（3）设计说明，要求简明扼要，完整表达设计思路。对现状分析、设计思路、功能分区、景观节点、种植设计、园林建筑及小品等内容进行详细说明。500 字左右。

（4）绘制用地平衡表及种植设计表。

5. 进度安排（6～8周）

<table>
<tr><th>周次</th><th>设计进度</th><th>课外要求</th><th>备注</th></tr>
<tr><td>1</td><td>布置题目，明确任务。收集资料，构思方案；完成现状分析、概念构思、功能与空间分析和道路与游线分析；构思一草</td><td>现状分析，收集资料，学习《公园设计规范》，收集 2 个有代表性的滨水公园案例</td><td rowspan="2">一草阶段需要完成现状分析图，方案构思等，占总成绩 10%</td></tr>
<tr><td>2</td><td>构思与调整一草方案，评图</td><td>方案修改、完善</td></tr>
<tr><td rowspan="2">3～4</td><td>二草阶段，方案深入，完成整体规划设计平面图，评图</td><td>方案修改、完善</td><td rowspan="3">二草阶段需要深化构思，规划构思相关专项，完成总平面图，占总成绩 10%</td></tr>
<tr><td>修改二草方案，评图</td><td>方案修改、完善</td></tr>
<tr><td>5</td><td>完善二草方案，规划构思相关专项（如种植设计、竖向设计等）</td><td>方案修改、深入完善各专项设计</td></tr>
<tr><td>6</td><td>节点设计（平面图、立面图、剖面图）</td><td>深入完善节点设计</td><td>占总成绩 10%</td></tr>
</table>

续表

周次	设计进度	课外要求	备注
7～8	成果制作	完成正图	正图阶段需完成设计全部内容，占总成绩 70%

6. 参考资料推荐

[1] 曲旭东. 滨水景观设计 [M]. 武汉：华中科技大学出版社，2018.
[2] 尹安石. 现代城市滨水景观设计 [M]. 北京：中国林业出版社，2010.
[3]《滨水景观》编委会. 滨水景观（当代顶级景观设计详解）[M]. 北京：中国建筑工业出版社，2014.

（二）实训二　滨河景观设计

1. 目的

（1）从城市滨河绿地着手，了解城市各个空间与城市水体及城市绿地之间的基本关系。

（2）结合滨水景观规划设计的相关理论知识，熟悉滨河绿地规划设计的步骤与方法。

（3）通过本课程的设计学习，掌握滨水景观设计的内容与方法，掌握滨水绿地设计的总体布局、空间形式、功能分区、景观分区、交通组织、地形设计以及种植设计等的方法。

（4）掌握外部空间设计的基本尺度，了解不同使用人群的亲水需求与行为心理，通过水体、地形、种植、建筑小品、道路等不同造园要素的结合进行合理的、不同空间的营造。

（5）熟悉相关设计规范，掌握图纸表达的相关内容与规范。

2. 内容

该项目为一处滨河绿地景观规划设计。基地位于华北地区某城市规划新城区一个宽度约 60m 左右的天然河流，现对河流一侧局部滨河绿地进行规划设计。河流驳岸较平直，考虑防洪要求，两侧堤坝不可进行改动。滨河绿地为东、西两块带状区域，面积分别约为 $3.6hm^2$、$5.5hm^2$，场地内地形较平坦，绿地周边规划用地情况见图 2-9。

3. 设计要求

（1）资料收集：收集并分析现状基础资料和相关背景资料。了解滨水景观的国内外发展趋势，收集滨河绿地相关案例。

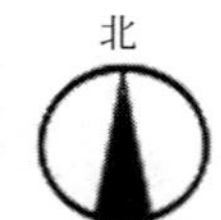

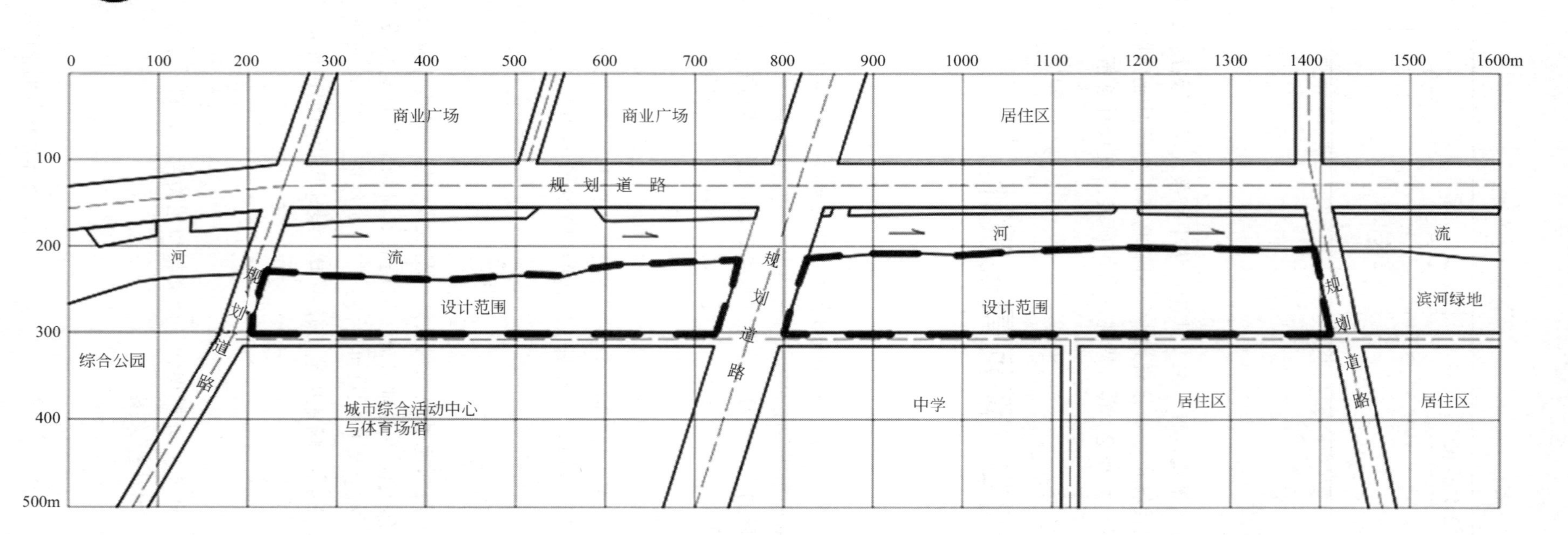

图 2-9　任务（滨河景观设计）平面底图

（2）现状分析：分析基地现状条件，包括区位分析、场地周边环境分析、水体分析、场地现状分析等，根据现状条件进行合理分析。

（3）概念构思：在现状分析的基础之上，对场地进行整体的设计构思，形成主要设计理念及概念构思，突出城市滨河绿地概念特色。

（4）功能与空间分析：结合场地及周边环境，尤其是场地与城市水体的关系，重点考虑城市滨河绿地防洪功能，根据滨河绿地的带状特点，进行空间与地形的整体规划。同时，结合周边用地情况，根据主要使用人群的需求考虑场地功能的设置、不同功能空间的营造，进行包括功能分区分析、空间组织结构分析、景观视线与景观结构分析、地形设计等规划设计分析。

（5）道路交通及游线分析：分析场地周边环境与场地之间的关系，考虑滨河绿地的对外开敞空间规划设计。合理考虑停车、无障碍设计等相应问题。进行场地道路系统规划及游线规划，构筑多变、多层次的景观序列与空间。

（6）整体规划设计：根据前期各项分析，进行规划设计整合，完成总体规划设计。考虑滨河绿地的基本功能，以及人的各项需求、行为心理及空间尺度的合理性。各类设计指标应满足规范要求。

（7）种植设计：结合当地的自然条件，以乡土树种为主，因地制宜选择树种。植物配置以乔木、灌木、地被相结合，常绿植物与落叶植物相结合，植物种类数量适当。通过植物造景手法营造出空间层次变化、色彩丰富、四季有景的植物景观特色。同时重点考虑滨水植物在滨河景观中的设计营造。

（8）节点设计：结合总体规划，对重要景观节点进行深入设计，完善设计内容，突出设计概念。

（9）建筑小品与配套设施：分析并确定城市绿地相应配套设施的内容，规模和布置方式，并表达其平面组织形式及空间造型。要求服务设施完善，满足使用要求。在考虑功能与景观的基础之上，选择安排适宜的景观小品，以突出绿地整体景观特色。

（10）设计表现：按要求完成设计图纸，图面构图合理、美观、线条流畅；图例、比例尺、指北针、设计说明、文字和尺寸标注等要素齐全，符合制图规范。

4. 成果要求

（1）手绘或电脑制图，或两者结合，表现形式不限，A1 图幅不少于 2 张。

（2）主要图纸：

① 设计总平面图（含种植规划设计），比例自定，彩色表现，不小于 A2 图幅。

② 相应比例总场地南北向剖面图 1 张，东西向剖面图 2 张。

③ 一定的分析图，如现状分析图、功能分区图、景观空间与景观视线分析图、地形与竖向设计图、道路系统分析图等。任选主要分析图纸表达，比例自定。

④ 2～3 处主要节点的平面图、立面图或剖面图及透视效果图，比例自定，彩色表现。

⑤ 全园鸟瞰图（自选）。

（3）设计说明，要求简明扼要，完整表达设计思路。对现状分析、设计思路、功能分区、景观节点、种植设计、园林建筑及小品等内容进行详细说明。500 字左右。

（4）绘制用地平衡表及种植设计表。

5. 进度安排（6～8周）

周次	设计进度	课外要求	备注
1	布置题目，明确任务。收集资料，构思方案；完成现状分析、概念构思、功能与空间分析和道路与游线分析；构思一草	现状分析，收集资料，学习《公园设计规范》，收集 2 个有代表性的滨河绿地案例	一草阶段需要完成现状分析图，方案构思等，占总成绩 10％
2	构思与调整一草方案，评图	方案修改、完善	
3～4	二草阶段，方案深入，完成整体规划设计平面图，评图	方案修改、完善	二草阶段需要深化构思，规划构思相关专项，完成总平面图，占总成绩 10％
	修改二草方案，评图	方案修改、完善	
5	完善二草方案，规划构思相关专项（如种植设计、竖向设计等）	方案修改、深入完善各专项设计	
6	节点设计（平面图、立面图、剖面图）	深入完善节点设计	占总成绩10％
7～8	成果制作	完成正图	正图阶段需完成设计全部内容，占总成绩 70％

6. 参考资料推荐

［1］曲旭东. 滨水景观设计［M］. 武汉：华中科技大学出版社，2018.

［2］尹安石. 现代城市滨水景观设计［M］. 北京：中国林业出版社，2010.

［3］《滨水景观》编委会. 滨水景观（当代顶级景观设计详解）［M］. 北京：中国建筑工业出版社，2014.

六、校园附属绿地景观设计

1. 目的

（1）从熟悉的校园空间环境入手，初步建立户外空间尺度感并理解功能需求与空间设计的关系，理解如何以空间设计引导使用者行为。

（2）提升学生从对单体建筑的功能、空间、环境组合到群体建筑、空间、环境组合的控制能力。

（3）理解地形、水体、建筑、植物、小品等园林景观要素的应用方法。

2. 内容

园址位于北京农学院东部宿舍区，场地周边紧邻食堂、学生宿舍、学校大学生科技园。由第三食堂、8 号楼、9 号楼等围合而成，总面积约 13400m² （120m×112m）。现状有乔木、灌木以及草本花卉，地势较为平坦。为了创造更好的校园环境，现将食堂周边建设成为公共空间，同时要提升宿舍楼周边的环境，从而整体提升北京农学院东部宿舍区户外空间的品质，用地情况见图 2-10。

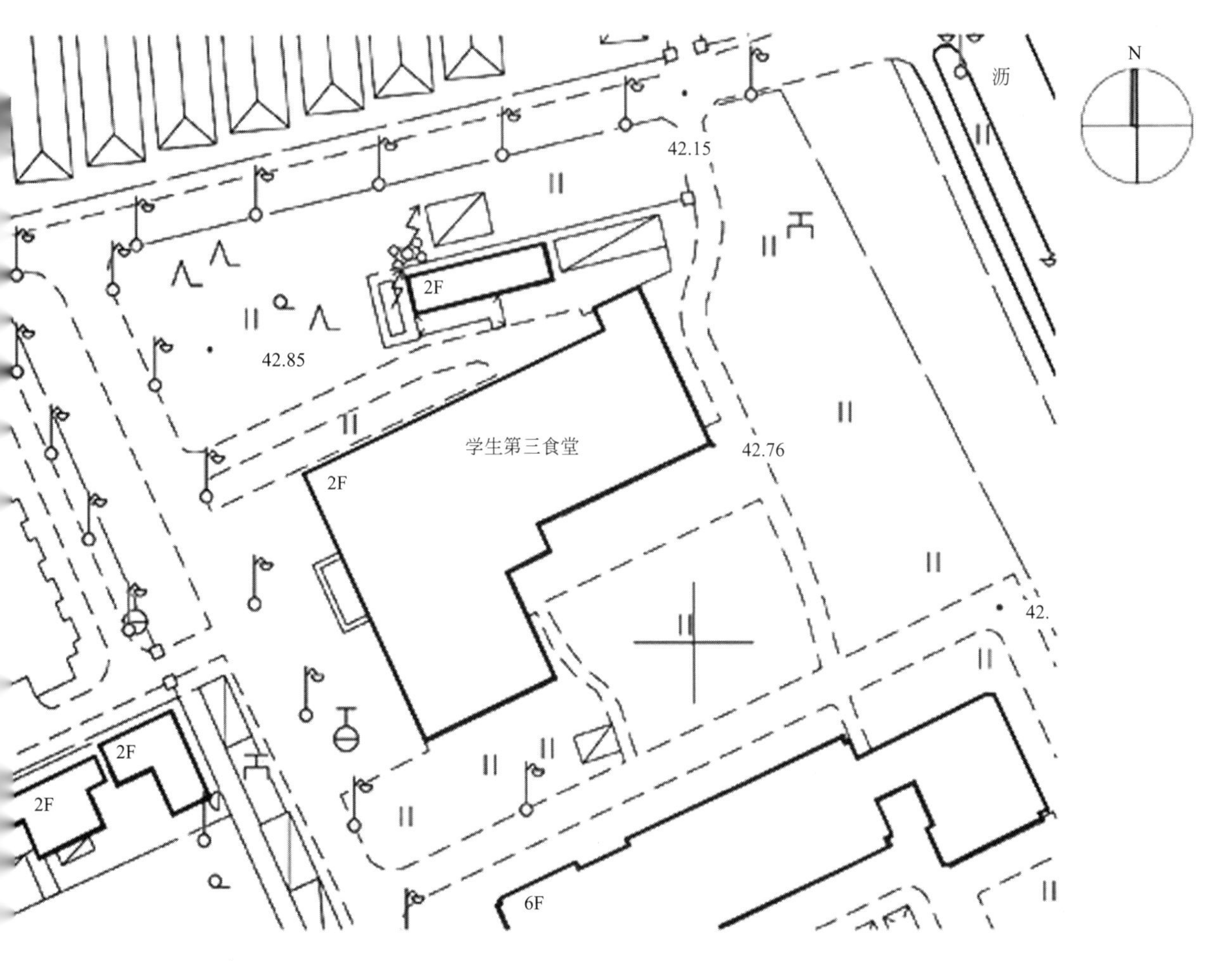

图 2-10　任务（校园附属绿地景观设计）平面底图

3. 设计要求

（1）从整体校园的视野认识和思考设计地块的定位、功能与内容。需要对校园东部宿舍区整体的环境、建筑等进行分析。

（2）考虑食堂北侧用地的重要性，设计一处广场，即满足休息需求，又突出一定的文化主题，体现一定的校园文化氛围。

（3）为了满足大学生的户外休闲、交往的需求，食堂东侧要求设置适量的场地、亭廊（或花架）、座椅等设施，作为休息、散步、观赏、午餐、聚会的场所。

（4）宿舍楼楼间满足集散、休息午餐等的功能。

（5）要从校园的景观特色出发，充分利用自然地形、地貌和绿化环境，形成有利于人才培养的优美的自然和人文环境。

（6）充分体现北京农学院的历史和文脉，体现学校的办学特色，营造特色校园环境。

4. 成果要求

（1）图纸要求

① 现状分析图、概念构思图，比例不限。

② 总平面图：比例 1∶400，彩色表现。

③ 横、纵剖面各一个：比例 1∶400，彩色表现。

④ 局部鸟瞰图：彩色表现。

⑤ 设计说明（可附在图纸上）。

所有图绘在 2 张白色不透明 A1 绘图纸上，表现形式：手绘，风格不限。

（2）总的要求

① 总体平面图与透视图要一致、内容相符合。

② 注明比例尺和图例、注解。

③ 字迹工整（工程字），大小合适。

④ 图面整洁，构图均称，附有用地平衡表和经济技术指标。

5. 进度安排

周次	设计进度	课外要求	备注
1	讲课(现状分析的方法),布置题目,明确任务。现场踏勘	课下收集资料,收集 3 个有代表性的高校校园设计案例	带皮尺、记录纸、笔,进行现场测绘
2	完成基地现状分析、概念构思图	深入完成基地现状分析、概念构思图	需要完成现状分析图,方案构思等,占总成绩 10%
3	构思一草方案,评图	方案修改、完善	

续表

周次	设计进度	课外要求	备注
4	二草阶段，方案深入，评图	方案修改、完善	需要不断深化构思，完成总平面图，占总成绩10%
5	正草、效果图	完善	
6	剖面图、立面图及鸟瞰图	完善剖面图、立面图及鸟瞰图	学会鸟瞰图的绘制方法（最好方格网法）
7	成果制作	课后完成正图	为课后完成内容，一般给两周时间，迟交一天扣一分。需完成设计全部内容，占总成绩80%

6. 参考资料推荐

[1] 格兰特. W. 里德，美国风景园林设计师协会. 园林景观设计：从概念到形式[M]. 郑淮兵译. 北京：中国建筑工业出版社. 2010.

[2] 理查德·P·多贝尔著. 校园景观 [M]. 北京世纪英闻翻译有限公司译. 北京：中国水利水电出版社，2006.

[3] 查尔斯·莫尔等著. 校园与社区 [M]. 北京：光明日报出版社，2000.

[4] C. 亚历山大，M. 西尔佛斯坦等著. 俄勒冈试验 [M]. 赵冰、刘小虎译. 北京：知识产权出版社，2002.

[5] 克莱尔·库珀·马库斯，卡罗琳·弗朗西斯. 人性场所：城市开放空间设计导则 [M]. 俞孔坚等译. 北京：中国建筑工业出版社，2001.

[6] 理查德·P·多贝尔. 校园景观——功能·形式·实例 [M]. 北京世纪英闻翻译有限公司译. 北京：中国水利水电出版社，2007.

[7] 何镜堂. 理念·实践·展望——当代大学校园规划与设计 [J]. 中国科技论文在线，2010，5 (07)：489-493.

七、花园景观设计

1. 目的

了解小型花园设计的基本程序和过程，学会对基地状况作全面分析，绘制现状分析图。熟练进行多方案的设计思路探讨，进一步熟悉园林各组成要素的运用特点和彼此联系。

2. 内容

本项目位于京津冀地区，项目为某高科技产业创业园的公共绿地。面积约 17000㎡，项目西侧为昭德西路，东侧为昭德东路，南、北两侧为创业园建筑。用地范围内不设置停车场。场地地势平坦、土质优良。用地情况见图 2-11。

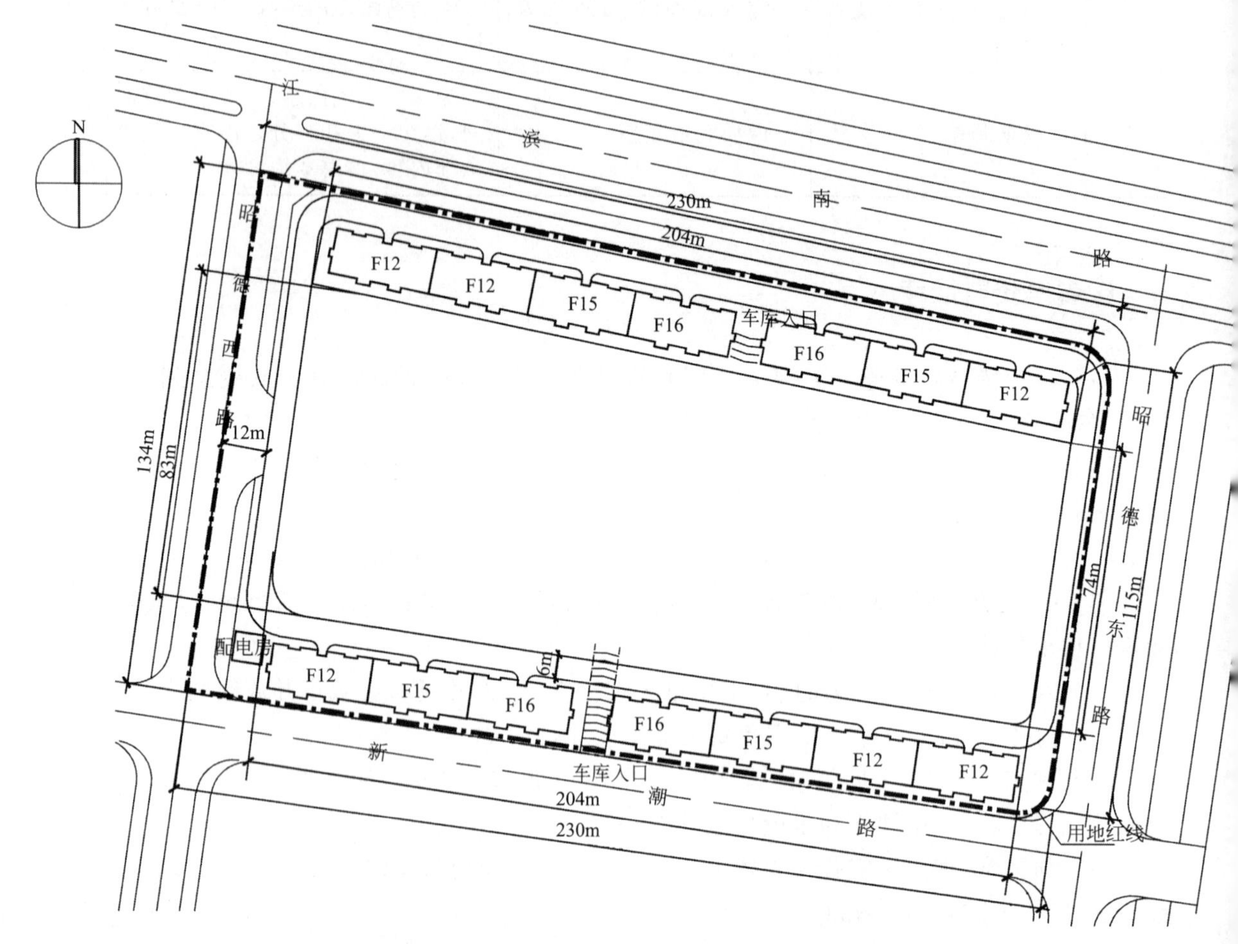

图 2-11　任务（花园景观设计）平面底图

3. 设计要求

设计应体现高科技产业创业园公共绿地特色，体现地方和时代特色，为园区提供展示空间及交往空间。

4. 成果要求

（1）图纸要求

① 现状分析图。比例不限。

② 总平面图（包括图例），彩色表现，比例 1∶400。

③ 分析图四个（功能、景观、空间、植物或其他）。彩色表现，比例自定。

④ 局部节点详细设计图 2 处（平面图、剖面图、效果图，其中一处为种植设计图，标注植物名录），比例 1∶200；A1 彩色表现。

⑤ 说明书（可以附在平面图上）。

所有图绘在白色不透明 A1 绘图纸上，表现形式：计算机绘图或手绘，风格不限。

（2）总的要求

① 现状分析图。踏勘设计对象基址，对基址的周围环境、原地形、原有植被、原有建（构）筑物进行准确记载。了解基址所在地的气候、土壤、水文环境。

② 总平面图。根据所设计绿地的功能要求。结合基址情况进行功能分区、地形、水体、道路系统、场地分布、建筑小品类型及位置、植物配置等主要设计内容的确定，绘制总平面图。

③ 局部节点详细设计图。包括局部节点的平面图、剖面图、效果图。其中效果图视点选择恰当，成图效果好。

④ 说明书。包括设计思路、设计原则、特色、设计内容等。编制必要的表格，如用地平衡表、苗木统计表等。字数不少于 1000 字。

5. 进度安排

周次	设计进度	课外要求	备注
1	布置任务，领会现场，平面布局	课后查相关资料，下次课交	一草阶段需要完成现状分析图，方案构思等，占总成绩 5%
2	总平面图一草	课后完善	
3	构思与调整一草方案，评图	方案修改、完善	
4	总平面图二草，安排 5 名同学汇报	课后完善	二草阶段需要深化构思，规划构思相关专项，完成总平面图，占总成绩 5%
5	分析图草图	课后完善	
6	植物设计图	课后完善	占总成绩 5%
7	局部节点设计图	课后完善	占总成绩 5%
8	成果制作	完成正图	为课后完成内容，一般给两周时间，迟交一天扣一分。需完成设计全部内容，占总成绩 80%

6. 参考资料推荐

[1] [美] 诺曼·K. 布思. 风景园林设计要素 [M]. 曹礼昆，曹德鲲译. 北京：北京科学技术出版社，2018.

[2] [美] 格兰特里德. 园林景观设计：从概念到形式 [M]. 郑淮兵译. 北京：中国建筑工业出版社，2004.

[3] 芦原义信. 外部空间设计 [M]. 尹培桐译. 北京：中国建筑工业出版社，2017.

[4] 俞孔坚. 高科技园区景观设计 [M]. 北京：中国建筑工业出版社，2001.

[5] 章俊华. 日本景观设计师：佐佐木叶二 [M]. 北京：中国建筑工业出版社，2000.

[6] 章俊华. 日本景观设计师：升野俊明 [M]. 北京：中国建筑工业出版社，2000.

[7] 章俊华. 日本景观设计师：产田芳树 [M]. 北京：中国建筑工业出版社，2000.

[8] 赵世伟. 园林植物种植设计与应用 [M]. 北京：北京出版社，2007.

[9] 余树勋. 花园设计 [M]. 天津：天津大学出版社，1998.

[10] 刘忠梅. 浅析花园景观设计风格 [J]. 现代园艺，2019 (15)：152-153.

[11] 张玲. 现代城市花园景观设计探讨 [J]. 技术与市场，2018，25 (03)：122，124.

[12] 北京望和公园景观规划设计 [J]. 风景园林，2017，(07)：15.

[13] 王宇宸，李爽，邵锋. 小尺度艺术性展园景观营造浅析——以北京世界园艺博览会折纸花园为例 [J]. 山东林业科技，2020，50 (03)：92-96，100.

[14] 刘通，王向荣. 建构语境下的小尺度风景园林设计——以三个小花园为例 [J]. 中国园林，2014，30 (04)：86-90.

[15] 赵燕昊，赵燕贺，雷琼. 水景在小尺度空间景观设计中的应用 [J]. 青岛理工大学学报，2018，39 (06)：64-69.

八、公园景观设计

（一）实训一　社区公园

1. 目的

（1）从中小型的城市开放社区公园着手，熟悉公园和城市（建筑、河流、道路及相关的城市功能）的基本关系。

（2）培养学生主动观察与分析公园特性的能力，关注社区公园发展动态和前沿课题。

（3）使学生学习和掌握社区公园设计的内容与方法，掌握设计的总体布局、功能分区、景观分区、景观序列、空间划分、交通组织、地形设计以及种植设计等的方法。

（4）掌握外部空间设计的基本尺度，根据人在外部环境空间的行为心理和活动规律进行设计，巩固和加强调查分析、综合思考的能力，并强调整体的设计方法。

（5）熟悉城市公园设计的相关规范。

2. 内容

完成某公园（约 80000m^2）的规划设计，基地位于华北地区某城市（可自选城市）。用地西北邻城市河道，北邻阆苑路、东邻梅林路、南侧紧邻城市居住小区（华鸿中南壹号院），四周皆为居住区。用地情况见图 2-12。

3. 设计要求

（1）收集并分析现状基础资料和相关背景资料，研究该区域城市总体规划及该区域的发展状况、经济条件、自然资源和人文历史资源等，根据现状公园的位置、面积、周围环境等现状，分析公园使用对象的构成，并提出相应的文字或图示结论，形成设计理念。

（2）分析基地建设条件（地形、小气候、植被等），分析视线条件（基地内外景观的利用、视线和视廊），分析交通状况。根据现状条件，提出合理的分析图，包括功能分区结构、空间组织结构、道路交通结构和景观视线结构等。

（3）分析基地与道路以及人流量的关系，分析并提出游线组织方式和交通系统组织，考虑入口与周围城市道路，停车及疏散的关系，确定与残疾人通行相应的道路联系方式及坡度（无障碍设计）。合理布置园区道路系统（包括停车），有效组织游憩路线与活动场地，构筑多变、多层次的景观系列与空间。

（4）熟悉城市公园外部空间设计的尺度，运用人在外部环境空间的行为心理和活动规律，设计符合各种功能的环境空间，适当考虑动静分区，空间的开敞与郁闭、公共性和私密性的要求。

（5）种植设计应因地制宜，适地适树，选用各种落叶乔木、常绿乔木、灌木、地被植物、水生植物。结合不同区域景观特点，运用高低不同、形态各异、色彩丰富的植物种类进行植物造景，使每个分区主景突出、整体上四季景观变化丰富。

（6）分析并确定公园相应配套设施的内容、规模和布置方式，并表达其平面组织形式及空间造型。要求服务设施完善，满足使用要求。

（7）选择或设计适宜的景观小品，既要满足使用要求，又要满足景观要求。小品设计应考虑尺度、质感、色彩与环境相协调，可以增加其互动性和参与性。

（8）各类设计指标应满足《公园设计规范》要求，绿地率应不小于 70%。

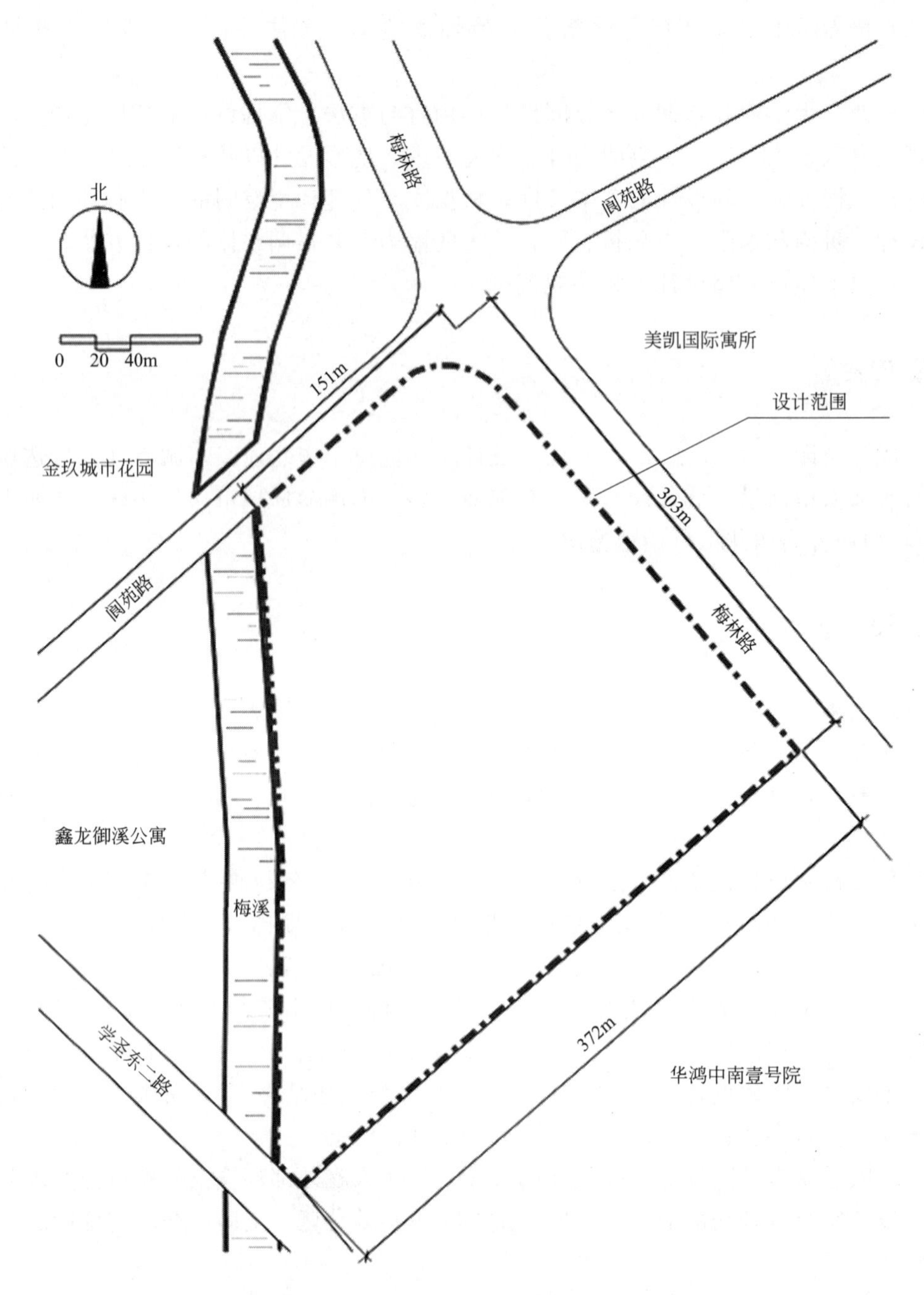

图 2-12 任务（社区公园）平面底图

4. 成果要求

（1）手绘或电脑制图，或两者结合，表现形式不限，A1 图幅不少于 3 张（每人图纸成套统一）。

（2）区位及周边环境分析图，比例自定。

(3) 现状分析图，比例自定。

(4) 功能分区图，比例自定。

(5) 景观空间与景观视线分析图，比例自定。

(6) 总平面图。按照绿地的功能要求进行功能分区，地形、道路系统、场地分布、建筑小品类型及位置等的确定；包括图例、指北针、简单设计说明。比例 1∶1000。

(7) 地形与竖向设计图。标注设计等高线，表达整体的地形关系。确定±0.00。标注排水方向，标注局部地形最低点标高。比例 1∶1000。

(8) 植物景观规划图。应包括植物分区分析示意、植物名录、文字说明等。比例 1∶1000。

(9) 服务设施规划图，比例自定。

(10) 道路系统与游览线路规划图，比例自定。

(11) 重要景区及景点详细设计图（不少于 2 个，包括平面图、立面图、剖面图、植物配置图和透视图），比例 1∶200 或 1∶500。

(12) 全园鸟瞰图。A2 图幅。

(13) 规划设计说明书。要求简明扼要，完整表达设计思路。对设计思路、功能分区、景区景点、种植设计、园林建筑及小品等内容进行详细说明。编制必要的表格，如用地平衡表、苗木统计表等。字数不少于 1000 字。

(14) 绘制用地平衡表（数值要求精确到小数点后 2 位）。

用地平衡表

项目	面积/hm^2	占地比例/%	备注
广场硬地			
绿化			
水体			
道路与停车			
建筑			

5. 进度安排

周次	设计进度	课外要求	备注
1	布置题目，明确任务。现场踏勘	现状分析，收集资料，学习《公园设计规范》，收集 2 个有代表性的公园案例	一草阶段需要完成现状分析图，方案构思等，占总成绩 10%
2	收集资料，构思方案；完成基地现状分析、功能分析、道路与游览路线分析；构思一草	主题深入	
3	构思与调整一草方案，评图	方案修改、完善	

续表

周次	设计进度	课外要求	备注
4	二草阶段，方案深入，评图	方案修改、完善	二草阶段需要深化构思，规划构思相关专项，完成总平面图，占总成绩 10%
5	完成二草方案，规划构思相关专项（如地形及竖向设计）	完善竖向设计图	
6	重点景区或景点的设计（平面图、立面图、剖面图）	完善节点设计	占总成绩 5%
7	完成植物设计	完善植物设计	占总成绩 5%
8	成果制作	完成正图	正图阶段需完成设计全部内容，成绩占 70%

6. 参考资料推荐

[1] GB 51192—2016. 公园设计规范.

[2] [美] 西蒙茨. 景观设计学：场地规划与设计手册 [M]. 俞孔坚译. 北京：中国建筑工业出版社，2019.

[3] 王晓俊. 风景园林设计 [M]. 南京：江苏科技出版社，2009.

[4] 张吉祥. 园林植物种植设计 [M]. 北京：中国建筑工业出版社，2010.

[5] [丹麦] 盖尔. 交往与空间 [M]. 何人可译. 北京：中国建筑工业出版社，2002.

[6] [美] 马库斯，弗朗西斯. 人性场所——城市开放空间导则 [M]. 北京：中国建筑工业出版社，2020.

[7] [美] 格兰特. W. 里德，美国风景园林设计师协会. 园林景观设计从概念到形式 [M]. 北京：中国建筑工业出版社，2010.

[8] 朴勇. 现代城市公园地形造景设计研究 [J]. 南方农机，2019，50（03）：239.

[9] 张越，胡剑忠，唐莉英. 城市综合公园边界空间开放性景观研究 [J]. 美术教育研究，2019，（14）：58-59.

[10] 任胜普. 城市综合公园中休闲空间人性化设计探析 [J]. 现代园艺，2016，（14）：67-68.

（二）实训二　综合公园

1. 概况

随着城市的发展，北方某城市边缘区经历了新的一轮规划和建设，若干居住小区和商务办公建筑陆续建成。地块之间规划了一处新的综合性公园，其西北侧紧邻城市主干道和立交桥，北侧是一处体育场，东侧是待建商业建筑，东南侧紧邻商务办公建筑和住宅小区，西侧是一家针织厂，新的公园用地红线面积约 $20hm^2$，全园呈不规则形，东西最长处约518m，南北最长约626m，一条城市支路将公园分为南北两个地块，场地存在高差变化，具体见图2-13。

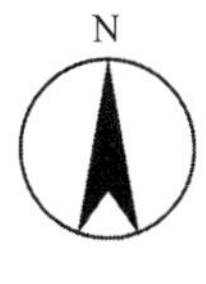

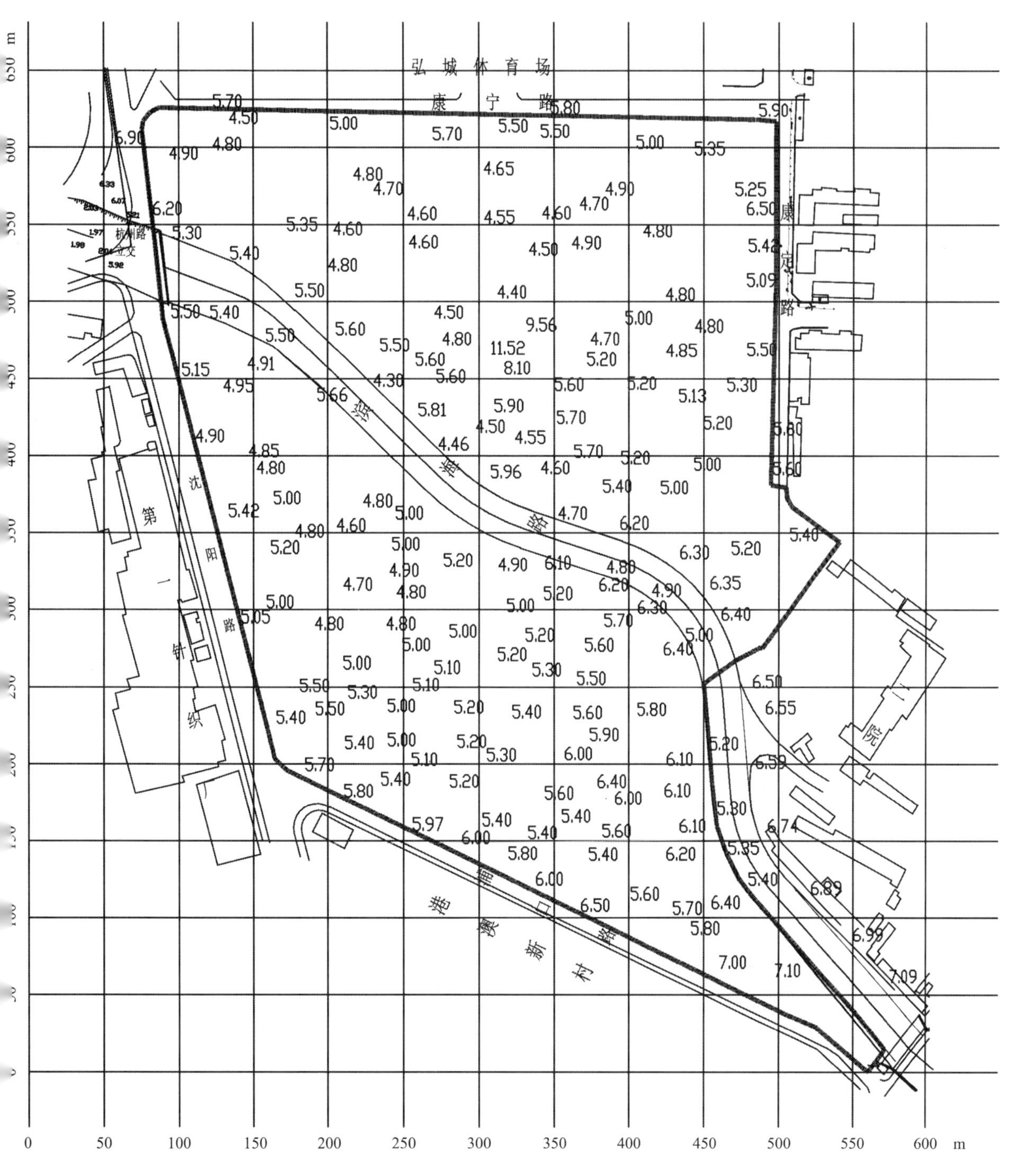

图 2-13　任务（综合公园）平面底图

2. 目的

（1）了解大型城市综合公园的发展，熟悉城市综合公园设计的相关技术指标及要求。

（2）了解城市雨水花园的相关案例，掌握雨水花园景观规划设计的相关要求。

（3）根据场地的自然历史条件、周边环境及相关要求，规划设计特色鲜明、与时俱进的公园方案。

（4）结合场地地形现状和设计需求，规划设计体现海绵城市理念的雨水花园。

（5）掌握园林景观要素的应用方法。

3. 设计要求

（1）本公园定位为城市综合公园，设计要综合考虑场地条件及周边用地功能，在满足城市公园建设一般性要求的基础上，加强作为城市开放空间的公共服务功能，使该区域成为生机勃勃、充满吸引力的场所。

（2）公园设计要合理利用和彰显场地特色，对于场地内的起伏地形进行合理改造和利用，将其建设成为生态健全、景观优美，充满活力的户外公共活动空间，为满足该市居民日常休闲活动服务。

（3）公园设计要注重对雨水的收集利用，并在场地中设计一处面积约 $1hm^2$ 左右的雨水花园。

（4）收集城市综合公园景观规划设计优秀案例 2 个，分析其设计风格、设计理念、设计主题、景观内容等。

（5）研究本公园所处区域的规划设计要求、人文历史、自然资源、气候条件等，分析本综合公园的周边环境、建设现状、道路交通体系、基本经济技术指标等。

（6）其他要求。

① 充分利用山、水、石、树、小品、园林建筑等造园素材，进行空间的组合与景观设计。

② 地形设计：考虑山水的关系、空间的围合与造型。

③ 植物景观设计：选择植物配置及细部处理要考虑北方气候特点，按照适地适树的原则进行植物规划。

④ 服务设施：应考虑综合公园必要的服务设施，结合总体设计风格考虑标识系统设计。

⑤ 道路布局：应考虑游线的组织以及与周围环境的关系，道路应便捷流畅。

4. 成果要求

A1 图纸不少于 3 张。手绘或电脑制图，也可二者结合，表现形式不限。主要包含以下内容：

（1）分析平面图。
（2）总平面图，比例 1∶1000。
（3）地形和竖向设计图，比例 1∶1000。
（4）植物景观规划设计图。
（5）重要节点详细设计图。
（6）局部鸟瞰图。
（7）小品、雕塑、景墙等的设计图。
（8）铺装、休憩设施、灯光照明等意向图。
（9）设计说明书。
（10）经济技术指标表，精确到小数点后 2 位。

经济技术指标表

项目	面积/m^2	占地比例/%	备注
绿地			
水体			
广场硬地			
道路与停车场地			
建筑			
总面积/m^2			

5. 进度安排

周次	设计进度	课外要求	备注
1	布置任务： 明确设计任务要求，分析和绘制现状图，并进行初步方案构思与表达	学习有关设计标准和规范；分析研读典型案例不少于 2 个	一草阶段： 占总成绩 10%
2	一草方案构思与表达： 进行公园所处区域、周边环境、场地条件、功能分区、优劣势等分析，提出设计理念及主题。绘制一草方案图	一草深入表达	
3	一草方案的探讨与调整： 一草方案汇报交流；提出修改意见建议并进行进一步的修改和完善	一草方案的修改和完善，形成二草方案	一草阶段： 占总成绩 10%

续表

周次	设计进度	课外要求	备注
4	二草方案的探讨与调整： 二草方案汇报交流；提出修改意见建议并进行进一步的修改和完善	二草方案的修改和完善，形成三草方案	二草、三草阶段： 占总成绩10%
5	三草方案的探讨与调整： 三草方案汇报交流；提出修改意见建议并进行修改和完善	三草方案修改和完善，完成平面图方案；提出专项及节点设计方案	
6	专项及节点设计方案的探讨与调整： 专项及节点设计方案汇报交流；提出修改意见建议并进行修改和完善	完善专项及节点设计方案（含平面图、立面图、剖面图和效果图）	专项及节点设计阶段： 占总成绩5%
7	种植设计方案的探讨与调整： 种植设计方案汇报交流；提出修改意见建议并进行修改和完善	修改和完善植物种植设计方案；绘制植物名录表、编写设计说明	种植设计阶段： 占总成绩5%
8	成果制作阶段： 修改完善植物名录表、设计说明、经济技术指标等内容；版面设计；绘制正图及相关内容	完成设计全部工作	成果制作阶段： 占总成绩70%

6. 参考资料推荐

［1］GB 51192—2016. 公园设计规范.

［2］［日］芦原义信. 外部空间设计［M］. 尹培桐译. 南京：江苏凤凰文艺出版社，2017.

［3］王向荣，林箐. 欧洲新景观［M］. 南京：东南大学出版社，2003.

［4］黄鑫. 城市公园园林景观规划设计探析［J］. 现代园艺，2019，42（17）：137-139.

［5］王丹. 基于生态理念的城市综合公园规划设计研究——以遵义市“龙塘湿地”公园为例［C］. 中国风景园林学会2019年会论文集：下册. 中国风景园林学会，2019：629.

［6］余惠，陈丹. 基于大众审美的城市不同场地雨水花园设计要素研究［J］. 上海交通大学学报：农业科学版，2019，37（06）：221-228.

［7］包婷，李雪艳. 基于场所精神视角的国内城市公园设计研究［J］. 美术教育研究，2019（13）：93-95.

［8］美国风景园林师协会ASLA学生奖作品ASLA Student Awards（www.asla.org）.

九、庭院景观设计

1. 目的

（1）理解设计为生活服务的原则。设计者应在充分了解不同使用者对功能需求差异的前提下，为其健康、合理的生活方式提供舒适的物质与精神环境。

（2）鼓励学生探索环境多元的审美观，引导学生对生态美、自然美的追求，并注意建筑与环境的协调统一。

（3）通过课程设计，应初步了解建筑与环境设计中人工与自然、功能与形式、空间与尺度等问题。学习居住类建筑环境的设计方法、功能空间的划分与组织形式，并进一步掌握以人体为依据的空间尺度。

（4）培养学生收集资料、调查分析、设计立意构思表达等方面的能力，强调基本功的训练，更应鼓励创新精神。

（5）熟悉庭院景观设计的相关规范。

2. 内容

完成某庭院（约 1800m^2）的规划设计，基地位于华北地区某城市高档别墅区内，可以自选城市。要求通过分析基址情况，做出合理的布局安排，设计出优美、宜人、健康的家庭小花园。其他情况自定，包括业主喜好或家庭结构等条件。用地情况见图 2-14。

3. 设计要求

（1）收集并分析现状基础资料和相关背景资料，根据所选定的使用对象的职业特点，制订并设计具有针对性的室内外功能空间，并提出相应的文字或图示结论，形成设计理念。

（2）分析基地建设条件（地形、小气候、植被等），分析视线条件（基地内外景观的利用、视线和视廊），分析交通状况，根据现状条件，提出合理的分析图，包括功能分区结构、空间组织结构和景观视线组织结构等。

（3）分析基地与建筑以及人活动区域的关系，围绕建筑进行庭院景观的合理布局，庭院围合方式应力求多样化，丰富视觉效果，同时考虑对私密性的保护，注意空间形式的划分（动静功能的需求划分），有效组织路线与活动场地，构筑多变、多层次的景观系列与空间。

（4）合理安排庭院功能分区，创造适用于现代生活，又具有鲜明特色的人性化居住

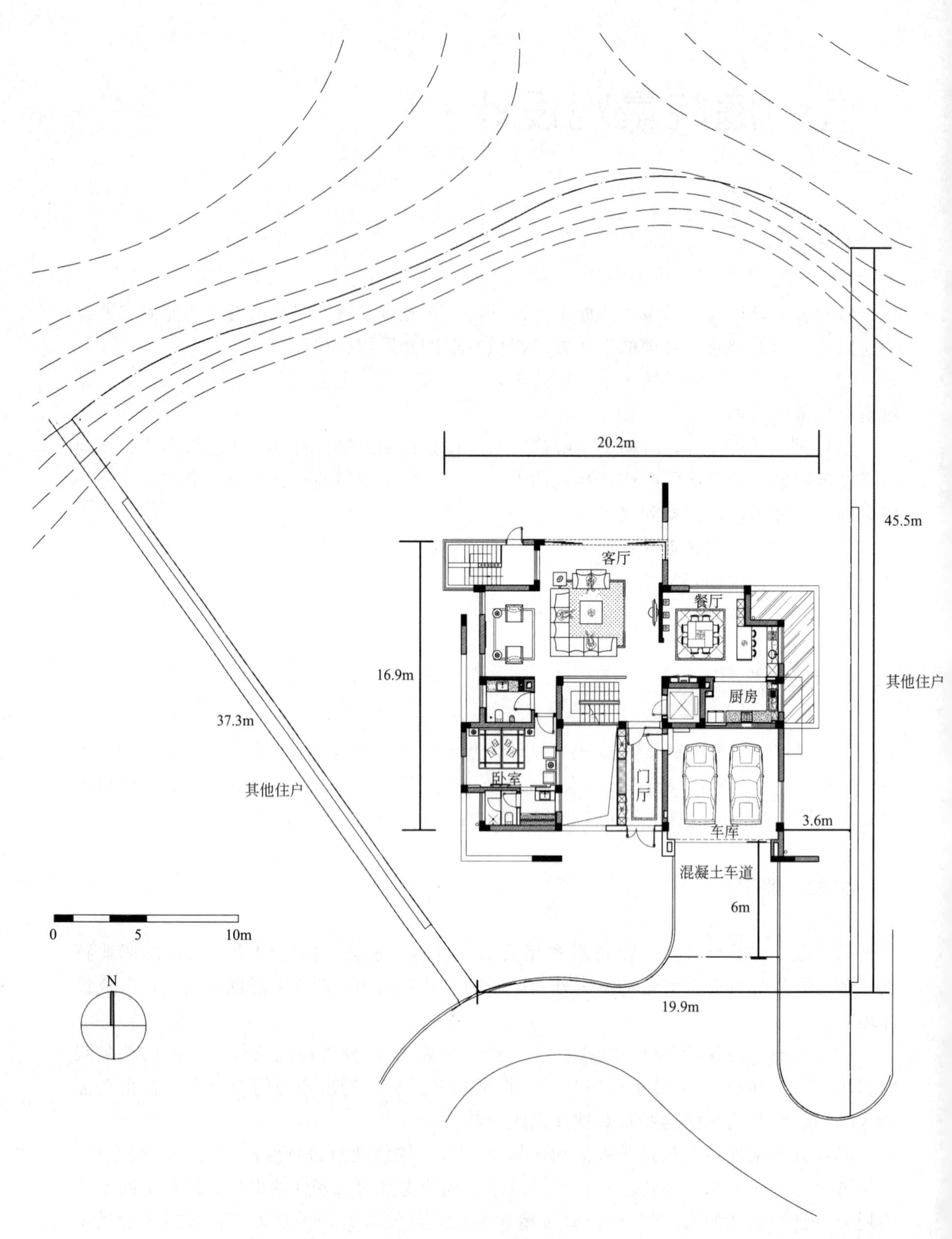

图 2-14　任务（庭院景观设计）平面底图

空间：可考虑设计休闲观景平台、户外娱乐设施设置（烧烤/聚餐等）、水景设计、设置适合孩童玩耍的场所等。

（5）设计应力求最大限度地完善不同方位的院落与室内空间在行动、视线、景观等关系的处理，考虑私人庭院与公共景观之间的融合。

（6）种植设计因地制宜、适地适树，选用各种落叶乔木、常绿乔木、灌木、地被植物、水生植物。植物设计符合四季变化，一定的植物满足遮阴效果，避免建筑西晒。

（7）分析并确定庭院应配套设施的内容、规模和布置方式，并表达其平面组织形式及空间造型。要求服务设施完善，满足使用要求。

（8）合理应用景观小品，既满足功能需求又具有点缀、装饰和美化作用。

4. 成果要求

（1）手绘或电脑制图，或两者结合，表现形式不限，A1 图幅不少于 2 张（每人图纸成套统一）。

（2）区位及周边环境分析图，比例自定。

（3）现状分析图，比例自定。

（4）功能分区图，比例自定。

（5）景观空间与景观视线分析图，比例自定。

（6）总平面图。按照绿地的功能要求进行分区，地形、道路系统、场地分布、建筑小品类型及位置等的确定；包括图例、指北针、简单设计说明。比例 1∶200。

（7）地形与竖向设计图。标注设计等高线，表达整体的地形关系。确定±0.00，标注排水方向，标注局部地形最低点标高。

（8）种植设计图。应包括植物名录（编号、植物名称、规格、数量）。比例1∶200。

（9）重要节点详细设计图（不少于 2 个），包括平面图、立面图、剖面图、透视图，比例 1∶100。

（10）全园鸟瞰图，A2 图幅。

（11）规划设计说明书。要求简明扼要，完整表达设计思路。对设计思路、功能分区、景区景点、种植设计、园林建筑及小品等内容进行详细说明。编制必要的表格，如用地平衡表、苗木统计表等。字数不少于 1000 字。

5. 进度安排

周次	设计进度	课外要求	备注
1	布置题目，明确任务	现状分析，收集资料，学习《城市居住区设计规范》，收集 2 个有代表性的庭院案例	一草阶段需要完成现状分析图，方案构思等，占总成绩 10%

续表

周次	设计进度	课外要求	备注
2	收集资料，构思方案；完成基地现状分析、功能分析和环境、空间分析；构思一草	主题深入	一草阶段需要完成现状分析图，方案构思等，占总成绩10%
3	构思与调整一草方案，评图	方案修改、完善	
4	二草阶段，方案深入，评图	方案修改、完善	二草阶段需要深化构思，规划构思相关专项，完成总平面图，占总成绩10%
5	完成二草方案，规划构思相关专项（如地形及竖向设计）	深入设计，完善竖向设计图	
6	重要节点设计（平面图、立面图、剖面图）	对方案进一步推敲。深入设计平面图、立面图、剖面图。 计算主要经济技术指标	占总成绩5%
7	完成植物设计	完善植物设计	占总成绩5%
8	成果制作	完成正图	正图阶段需完成设计全部内容，占总成绩70%

6. 参考资料推荐

[1] 程大锦. 建筑：形式、空间和秩序 [M]. 天津：天津大学出版社，2005.

[2] [美] 保罗拉索. 图解思考 [M]. 邱贤丰译. 北京：中国建筑工业出版社，2020.

[3] 邹颖，等. 别墅建筑设计 [M]. 北京：中国建筑工业出版社，2000.

[4] 张十庆. 现代独立式小住宅 [M]. 天津：天津大学出版社，2010.

[5] [英] 彼得. 麦霍伊. 小庭院规划指南 [M]. 姬文桂译. 北京：北京科学技术出版社，2004.

[6] 潘兆福. 浅谈城市庭院绿化绿植搭配与造景要点 [J]. 居舍，2019 (12)：121.

[7] 张雪菲. 浅析日式庭院景观设计 [J]. 艺术科技，2019，32 (07)：230-231.

[8] 伊广灿. 别墅庭院景观设计浅谈 [J]. 山东林业科技，2019，49 (03)：126-128.

[9] 董文秀. 庭院景观设计营造要点 [J]. 建材与装饰，2017，(26)：116-117.

[10] 王刚，李刚，徐小莉. 别墅庭院植物景观营造要点分析 [J]. 绿色科技，2010，(08)：55-56.

第三章

风景园林规划设计相关规范节选

一、公园设计规范（GB 51192—2016）

（一）用地比例

1.1　公园用地面积包括陆地面积和水体面积，其中陆地面积应分别计算绿化用地、建筑占地、园路及铺装场地用地的面积及比例，公园用地面积及用地比例应按表 3-1 的规定进行统计。

表 3-1　公园用地面积及用地比例表

公园总面积/m²	用地类型		面积/m²	比例/%	备注
	陆地	绿化用地			
		建筑占地			
		园路及铺装场地用地			
		其他用地			
	水体				

注：如有“其他用地”，应在“备注”一栏中注明内容。

1.2　公园用地比例应以公园陆地面积为基数进行计算，并应符合表 3-2 的规定。

表 3-2　公园用地比例　　单位：%

陆地面积 A_1/hm²	用地类型	公园类型					
		综合公园	专类公园			社区公园	游园
			动物园	植物园	其他专类公园		
A_1＜2	绿化	—	—	＞65	＞65	＞65	＞65
	管理建筑	—	—	＜1.0	＜1.0	＜0.5	—
	游憩建筑和服务建筑	—	—	＜7.0	＜5.0	＜2.5	＜1.0
	园路及铺装场地	—	—	15～25	15～25	15～30	15～30
2≤A_1＜5	绿化	—	＞65	＞70	＞65	＞65	＞65
	管理建筑	—	＜2.0	＜1.0	＜1.0	＜0.5	＜0.5
	游憩建筑和服务建筑	—	＜12.0	＜7.0	＜5.0	＜2.5	＜1.0
	园路及铺装场地	—	10～20	10～20	10～25	15～30	15～30
5≤A_1＜10	绿化	＞65	＞65	＞70	＞65	＞70	＞70
	管理建筑	＜1.5	＜1.0	＜1.0	＜1.0	＜0.5	＜0.3
	游憩建筑和服务建筑	＜5.5	＜14.0	＜5.0	＜4.0	＜2.0	＜1.3
	园路及铺装场地	10～25	10～20	10～20	10～25	10～25	10～25

续表

陆地面积 A_1/hm^2	用地类型	公园类型					
		综合公园	专类公园			社区公园	游园
			动物园	植物园	其他专类公园		
$10 \leqslant A_1 < 20$	绿化	>70	>65	>75	>70	>70	—
	管理建筑	<1.5	<1.0	<1.0	<0.5	<0.5	—
	游憩建筑和服务建筑	<4.5	<14.0	<4.0	<3.5	<1.5	—
	园路及铺装场地	10～25	10～20	10～20	10～20	10～25	—
$20 \leqslant A_1 < 50$	绿化	>70	>65	>75	>70	—	—
	管理建筑	<1.0	<1.5	<0.5	<0.5	—	—
	游憩建筑和服务建筑	<4.0	<12.5	<3.5	<2.5	—	—
	园路及铺装场地	10～22	10～20	10～20	10～20	—	—
$50 \leqslant A_1 < 100$	绿化	>75	>70	>80	>75	—	—
	管理建筑	<1.0	<1.5	<0.5	<0.5	—	—
	游憩建筑和服务建筑	<3.0	<11.5	<2.5	<1.5	—	—
	园路及铺装场地	8～18	5～15	5～15	8～18	—	—
$100 \leqslant A_1 < 300$	绿化	>80	>70	>80	>75	—	—
	管理建筑	<0.5	<1.0	<0.5	<0.5	—	—
	游憩建筑和服务建筑	<2.0	<10.0	<2.5	<1.5	—	—
	园路及铺装场地	5～18	5～15	5～15	5～15	—	—
$A_1 \geqslant 300$	绿化	>80	>75	>80	>80	—	—
	管理建筑	<0.5	<1.0	<0.5	<0.5	—	—
	游憩建筑和服务建筑	<1.0	<9.0	<2.0	<1.0	—	—
	园路及铺装场地	5～15	5～15	5～15	5～15	—	—

注："—"表示不作规定；上表中管理建筑、游憩建筑和服务建筑的用地比例是指其建筑占地面积的比例。

（二）容量计算

2.1　公园设计应确定游人容量，作为计算各种设施的规模、数量以及进行公园管理的依据。

2.2　公园游人容量应按下式计算：

$$C=(A_1/A_{m1})+C_1$$

式中　C——公园游人容量，人；

A_1——公园陆地面积，m^2；

A_{m1}——人均占有公园陆地面积，m^2/人；

C_1——公园开展水上活动的水域游人容量，人。

2.3　人均占有公园陆地面积指标应符合表 3-3 规定的数值。

表 3-3　公园游人人均占有公园陆地面积指标　　单位：m^2/人

公园类型	人均占有陆地面积
综合公园	30～60
专类公园	20～30
社区公园	20～30
游园	30～60

注：人均占有公园陆地面积指标的上下限取值应根据公园区位、周边地区人口密度等实际情况确定。

2.4　公园有开展游憩活动的水域时，水域游人容量宜按 150～250m^2/人进行计算。

（三）设施的设置

3.1　公园设施项目的设置，应符合表 3-4 的规定。

表 3-4　公园设施项目的设置

设施类型	设施项目	陆地面积 A_1/hm^2						
		$A_1<2$	$2\leqslant A_1<5$	$5\leqslant A_1<10$	$10\leqslant A_1<20$	$20\leqslant A_1<50$	$50\leqslant A_1<100$	$A_1\geqslant100$
游憩设施（非建筑类）	棚架	○	●	●	●	●	●	●
	休息座椅	●	●	●	●	●	●	●
	游戏健身器材	○	○	○	○	○	○	○
	活动场	●	●	●	●	●	●	●
	码头	—	—	—	○	○	○	○
游憩设施（建筑类）	亭、廊、厅、榭	○	○	●	●	●	●	●
	活动馆	—	—	—	—	○	○	○
	展馆	—	—	—	—	○	○	○
服务设施（非建筑类）	停车场	—	○	○	●	●	●	●
	自行车存放处	●	●	●	●	●	●	●
	标识	●	●	●	●	●	●	●
	垃圾箱	●	●	●	●	●	●	●
	饮水器	○	○	○	○	○	○	○
	园灯	●	●	●	●	●	●	●
	公用电话	○	○	○	○	○	○	○
	宣传栏	○	○	○	○	○	○	○
服务设施（建筑类）	游客服务中心	—	—	○	○	●	●	●
	厕所	○	●	●	●	●	●	●
	售票房	○	○	○	○	○	○	○
	餐厅	—	—	○	○	○	○	○
	茶座、咖啡厅	—	○	○	○	○	○	○
	小卖部	○	○	○	○	○	○	○
	医疗救助站	○	○	○	○	○	●	●

续表

设施类型	设施项目	陆地面积 A_1/hm^2						
		$A_1<2$	$2\leqslant A_1<5$	$5\leqslant A_1<10$	$10\leqslant A_1<20$	$20\leqslant A_1<50$	$50\leqslant A_1<100$	$A_1\geqslant100$
管理设施（非建筑类）	围墙、围栏	○	○	○	○	○	○	○
	垃圾中转站	—	—	○	○	●	●	●
	绿色垃圾处理站	—	—	—	○	○	●	●
	变配电所	—	—	○	○	○	○	○
	泵房	○	○	○	○	○	○	○
	生产温室、荫棚	—	—	○	○	○	○	○
管理设施（建筑类）	管理办公用房	○	○	○	●	●	●	●
	广播室	○	○	○	●	●	●	●
	安保监控室	○	●	●	●	●	●	●
管理设施	应急避险设施	○	○	○	○	○	○	○
	雨水控制利用设施	●	●	●	●	●	●	●

注：“●”表示应设；“○”表示可设；“—”表示不需要设置。

3.2　公园内不应修建与其性质无关的、单纯以盈利为目的的建筑。

3.3　游人使用的厕所应符合下列规定：

（1）面积大于或等于 $10hm^2$ 的公园，应按游人容量的2%设置厕所厕位（包括小便斗位数），小于 $10hm^2$ 者按游人容量的1.5%设置；男女厕位比例宜为1∶1.5；

（2）服务半径不宜超过250m，即间距500m；

（3）各厕所内的厕位数应与公园内的游人分布密度相适应；

（4）在儿童游戏场附近，应设置方便儿童使用的厕所；

（5）公园应设无障碍厕所。无障碍厕位或无障碍专用厕所的设计应符合现行国家标准GB 50763《无障碍设计规范》的相关规定。

3.4　休息座椅的设置应符合以下规定：

（1）容纳量应按游人容量的20%～30%设置；

（2）应考虑游人需求合理分布；

（3）休息座椅旁应设置轮椅停留位置，其数量不应小于休息座椅的10%。

3.5　公园配建地面停车位指标可符合表3-5的规定。

表3-5　公园配建地面停车位指标

陆地面积 A_1/hm^2	停车位指标/（个/hm^2）	
	机动车	自行车
$A_1<10$	≤2	≤50
$10\leqslant A_1<50$	≤5	≤50
$50\leqslant A_1<100$	≤8	≤20
$A_1\geqslant100$	≤12	≤20

注：不含地下停车位数；表中停车位为按小客车计算的标准停车位。

（四）园路及铺装场地设计

4.1 园路应根据公园总体设计确定的路网及等级，进行园路宽度、平面和纵断面的线形以及结构设计。

4.2 园路宜分为主路、次路、支路、小路四级。公园面积小于 10hm² 时，可只设三级园路。

4.3 园路宽度应根据通行要求确定，并应符合表 3-6 的规定。

表 3-6 园路宽度 单位：m

园路级别	公园总面积 A/hm²			
	$A<2$	$2\leqslant A<10$	$10\leqslant A<50$	$A\geqslant 50$
主路	2.0～4.0	2.5～4.5	4.0～5.0	4.0～7.0
次路	—	—	3.0～4.0	3.0～4.0
支路	1.2～2.0	2.0～2.5	2.0～3.0	2.0～3.0
小路	0.9～1.2	0.9～2.0	1.2～2.0	1.2～2.0

（五）种植设计（表 3-7~ 表 3-10）

表 3-7 植物与架空电力线路导线之间最小垂直距离

线路电压/kV	<1	1～10	35～110	220	330	500	750	1000
最小垂直距离/m	1.0	1.5	3.0	3.5	4.5	7.0	8.5	16.0

表 3-8 植物与地下管线最小水平距离 单位：m

名称	新植乔木	现状乔木	灌木或绿篱
电力电缆	1.5	3.5	0.5
通信电缆	1.5	3.5	0.5
给水管	1.5	2.0	—
排水管	1.5	3.0	—
排水盲沟	1.0	3.0	—
消防龙头	1.2	2.0	1.2
燃气管道(低中压)	1.2	3.0	1.0
热力管	2.0	5.0	2.0

注：乔木与地下管线的距离是指乔木树干基部的外缘与管线外缘的净距离。灌木或绿篱与地下管线的距离是指地表处分蘖枝干中最外的枝干基部外缘与管线外缘的净距离。

表 3-9　植物与地下管线最小垂直距离　　单位：m

名称	新植乔木	现状乔木	灌木或绿篱
各类市政管线	1.5	3.0	1.5

表 3-10　植物与建筑物、构筑物外缘的最小水平距离　　单位：m

名称	新植乔木	现状乔木	灌木或绿篱外缘
测量水准点	2.00	2.00	1.00
地上杆柱	2.00	2.00	—
挡土墙	1.00	3.00	0.50
楼房	5.00	5.00	1.50
平房	2.00	5.00	—
围墙(高度小于 2m)	1.00	2.00	0.75
排水明沟	1.00	1.00	0.50

注：乔木与建筑物、构筑物的距离是指乔木树干基部外缘与建筑物、构筑物的净距离。灌木或绿篱与建筑物、构筑物的距离是指地表处分蘖枝干中最外的枝干基部外缘与建筑物、构筑物的净距离。

（六）建筑物、构筑物设计

6.1　建筑物的位置、规模、造型、材料、色彩及其使用功能，应符合公园总体设计的要求。

6.2　建筑物应与地形、地貌、山石、水体、植物等其他造园要素统一协调，有机融合。

6.3　建筑设计应优化建筑形体和空间布局，促进天然采光、自然通风，合理优化维护结构保温、隔热等性能，降低建筑的供暖、空调和照明系统的负荷。

6.4　在建筑设计的同时，应考虑对建筑物使用过程中产生的垃圾、废气、废水等废弃物的处理，防止污染和破坏环境。

6.5　建筑物的层数与高度应符合下列规定：

(1) 游憩和服务建筑层数以 1 层或 2 层为宜，起主题或点景作用的建筑物或构筑物的高度和层数应服从功能和景观的需要；

(2) 管理建筑层数不宜超过 3 层，其体量应按不破坏景观和环境的原则严格控制；

(3) 室内净高不应小于 2.4m，亭、廊、敞厅等的楣子高度应满足游人通过或赏景的要求。

6.6　游人通行量较多的建筑室外台阶宽度不宜小于 1.5m；踏步宽度不宜小于 30cm，踏步高度不宜大于 15cm 且不宜小于 10cm；台阶踏步数不应少于 2 级。

6.7 各种安全防护性、装饰性和示意性护栏不应采用带有尖角、利刺等构造形式。

6.8 防护护栏其高度不应低于 1.05m；设置在临空高度 24m 及以上时，护栏高度不应低于 1.10m。护栏应从可踩踏面起计算高度。

6.9 儿童专用活动场所的防护护栏必须采用防止儿童攀登的构造，当采用垂直杆件作栏杆时，其杆间净距不应大于 0.11m。

6.10 球场、电力设施、猛兽类动物展区以及公园围墙等其他专用防范性护栏，应根据实际需要另行设计和制作。

二、《城市居住区规划设计标准》(GB 50180—2018)

(一)居住区分级控制规模

居住区按照居民在合理的步行距离满足基本生活需求的原则，可分为十五分钟生活圈居住区、十分钟生活圈居住区、五分钟生活圈居住区及居住街坊四级，其分级控制规模应符合表 3-11 的规定。

表 3-11 居住区分级控制规模

距离与规模	十五分钟生活圈居住区	十分钟生活圈居住区	五分钟生活圈居住区	居住街坊
步行距离/m	800～1000	500	300	—
居住人口/人	50000～100000	15000～25000	5000～12000	1000～3000
住宅数量/套	17000～32000	5000～8000	1500～4000	300～1000

居住区应根据其分级控制规模，对应规划建设配套设施和公共绿地，并应符合下列规定：

1.1 新建居住区，应满足统筹规划、同步建设、同期投入使用的要求；

1.2 旧区可遵循规划匹配、建设补缺、综合达标、逐步完善的原则进行改造。

(二)用地与建筑

2.1.1 各级生活圈居住区用地应合理配置、适度开发，其控制指标应符合表 3-12～表 3-14 的规定。

表 3-12　十五分钟生活圈居住区用地控制指标

建筑气候区划	住宅建筑平均层数类别	人均居住区用地面积/(m²/人)	居住区用地容积率	居住区用地构成/%				
				住宅用地	配套设施用地	公共绿地	城市道路用地	合计
Ⅰ、Ⅶ	多层Ⅰ类(4～6层)	40～54	0.8～1.0	58～61	12～16	7～11	15～20	100
Ⅱ、Ⅵ		38～51	0.8～1.0					
Ⅲ、Ⅳ、Ⅴ		37～48	0.9～1.1					
Ⅰ、Ⅶ	多层Ⅱ类(7～9层)	35～42	1.0～1.1	52～58	13～20	9～13	15～20	100
Ⅱ、Ⅵ		33～41	1.0～1.2					
Ⅲ、Ⅳ、Ⅴ		31～39	1.1～1.3					
Ⅰ、Ⅶ	高层Ⅰ类(10～18层)	28～38	1.1～1.4	48～52	16～23	11～16	15～20	100
Ⅱ、Ⅵ		27～36	1.2～1.4					
Ⅲ、Ⅳ、Ⅴ		26～34	1.2～1.5					

注：居住区用地容积率是生活圈、住宅建筑及其配套设施地上建筑面积之和与居住区用地总面积的比值。

表 3-13　十分钟生活圈居住区用地控制指标

建筑气候区划	住宅建筑平均层数类别	人均居住区用地面积/(m²/人)	居住区用地容积率	居住区用地构成/%				
				住宅用地	配套设施用地	公共绿地	城市道路用地	合计
Ⅰ、Ⅶ	低层(1～3层)	49～51	0.8～0.9	71～73	5～8	4～5	15～20	100
Ⅱ、Ⅵ		45～51	0.8～0.9					
Ⅲ、Ⅳ、Ⅴ		42～51	0.8～0.9					
Ⅰ、Ⅶ	多层Ⅰ类(4～6层)	35～47	0.8～1.1	68～70	8～9	4～6	15～20	100
Ⅱ、Ⅵ		33～44	0.9～1.1					
Ⅲ、Ⅳ、Ⅴ		32～41	0.9～1.2					
Ⅰ、Ⅶ	多层Ⅱ类(7～9层)	30～35	1.1～1.2	64～67	9～12	6～8	15～20	100
Ⅱ、Ⅵ		28～33	1.2～1.3					
Ⅲ、Ⅳ、Ⅴ		26～32	1.2～1.4					
Ⅰ、Ⅶ	高层Ⅰ类(10～18层)	23～31	1.2～1.6	60～64	12～14	7～10	15～20	100
Ⅱ、Ⅵ		22～28	1.3～1.7					
Ⅲ、Ⅳ、Ⅴ		21～27	1.4～1.8					

注：居住区用地容积率是生活圈、住宅建筑及其配套设施地上建筑面积之和与居住区用地总面积的比值。

表 3-14　五分钟生活圈居住区用地控制指标

建筑气候区划	住宅建筑平均层数类别	人均居住区用地面积/(m²/人)	居住区用地容积率	居住区用地构成/%				
				住宅用地	配套设施用地	公共绿地	城市道路用地	合计
Ⅰ、Ⅶ	低层(1～3层)	46～47	0.7～0.8	76～77	3～4	2～3	15～20	100
Ⅱ、Ⅵ		43～47	0.8～0.9					
Ⅲ、Ⅳ、Ⅴ		39～47	0.8～0.9					
Ⅰ、Ⅶ	多层Ⅰ类(4～6层)	32～43	0.8～1.1	74～76	4～5	2～3	15～20	100
Ⅱ、Ⅵ		31～40	0.9～1.2					
Ⅲ、Ⅳ、Ⅴ		29～37	1.0～1.2					
Ⅰ、Ⅶ	多层Ⅱ类(7～9层)	28～31	1.2～1.3	72～74	5～6	3～4	15～20	100
Ⅱ、Ⅵ		25～29	1.2～1.4					
Ⅲ、Ⅳ、Ⅴ		23～28	1.3～1.6					
Ⅰ、Ⅶ	高层Ⅰ类(10～18层)	20～27	1.4～1.8	69～72	6～8	4～5	15～20	100
Ⅱ、Ⅵ		19～25	1.5～1.9					
Ⅲ、Ⅳ、Ⅴ		18～23	1.6～2.0					

注：居住区用地容积率是生活圈，住宅建筑及其配套设施地上建筑面积之和与居住区用地总面积的比值。

2.1.2　居住街坊用地与建筑控制指标应符合表3-15的规定。

表 3-15　居住街坊的用地与建筑控制指标

建筑气候区划	住宅建筑平均层数类别	住宅用地容积率	建筑密度最大值/%	绿地率最小值/%	住宅建筑高度控制最大值/m	人均住宅用地面积最大值/(m²/人)
Ⅰ、Ⅶ	低层(1～3层)	1.0	35	30	18	36
	多层Ⅰ类(4～6层)	1.1～1.4	28	30	27	32
	多层Ⅱ类(7～9层)	1.5～1.7	25	30	36	22
	高层Ⅰ类(10～18层)	1.8～2.4	20	35	54	19
	高层Ⅱ类(19～26层)	2.5～2.8	20	35	80	13
Ⅱ、Ⅵ	低层(1～3层)	1.0～1.1	40	28	18	36
	多层Ⅰ类(4～6层)	1.2～1.5	30	30	27	30
	多层Ⅱ类(7～9层)	1.6～1.9	28	30	36	21
	高层Ⅰ类(10～18层)	2.0～2.6	20	35	54	17
	高层Ⅱ类(19～26层)	2.7～2.9	20	35	80	13

续表

建筑气候区划	住宅建筑平均层数类别	住宅用地容积率	建筑密度最大值/%	绿地率最小值/%	住宅建筑高度控制最大值/m	人均住宅用地面积最大值/(m²/人)
Ⅲ、Ⅳ、Ⅴ	低层(1～3层)	1.0～1.2	43	25	18	36
	多层Ⅰ类(4～6层)	1.3～1.6	32	30	27	27
	多层Ⅱ类(7～9层)	1.7～2.1	30	30	36	20
	高层Ⅰ类(10～18层)	2.2～2.8	22	35	54	16
	高层Ⅱ类(19～26层)	2.9～3.1	22	35	80	12

注：1.住宅用地容积率是居住街坊、住宅建筑及其便民服务设施地上建筑面积之和与住宅用地总面积的比值；

2.建筑密度是居住街坊、住宅建筑及其便民服务设施建筑基底面积与该居住街坊用地面积的比率，%；

3.绿地率是居住街坊绿地面积之和与该居住街坊用地面积的比率，%。

2.1.3 当住宅建筑采用低层或多层高密度布局形式时，居住街坊用地与建筑控制指标应符合表3-16的规定。

表3-16 低层或多层高密度居住街坊用地与建筑控制指标

建筑气候区划	住宅建筑平均层数类别	住宅用地容积率	建筑密度最大值/%	绿地率最小值/%	住宅建筑高度控制最大值/m	人均住宅用地面积/(m²/人)
Ⅰ、Ⅶ	低层(1～3层)	1.0,1.1	42	25	11	32～36
	多层Ⅰ类(4～6层)	1.4,1.5	32	28	20	24～26
Ⅱ、Ⅵ	低层(1～3层)	1.1,1.2	47	23	11	30～32
	多层Ⅰ类(4～6层)	1.5～1.7	38	28	20	21～24
Ⅲ、Ⅳ、Ⅴ	低层(1～3层)	1.2,1.3	50	20	11	27～30
	多层Ⅰ类(4～6层)	1.6～1.8	42	25	20	20～22

注：1.住宅用地容积率是居住街坊、住宅建筑及其便民服务设施地上建筑面积之和与住宅用地总面积的比值；

2.建筑密度是居住街坊、住宅建筑及其便民服务设施建筑基底面积与该居住街坊用地面积的比率，%；

3.绿地率是居住街坊绿地面积之和与该居住街坊用地面积的比率，%。

2.1.4 新建各级生活圈居住区应配套规划建设公共绿地，并应集中设置具有一定规模，且能开展休闲、体育活动的居住区公园；公共绿地控制指标应符合表3-17的规定。

表 3-17　公共绿地控制指标

类别	人均公共绿地面积/(m^2/人)	居住区公园		备注
		最小规模/hm^2	最小宽度/m	
十五分钟生活圈居住区	2.0	5.0	80	不含十分钟生活圈及以下居住区的公共绿地指标
十分钟生活圈居住区	1.0	1.0	50	不含五分钟生活圈及以下居住区的公共绿地指标
五分钟生活圈居住区	1.0	0.4	30	不含居住街坊的公共绿地指标

注：居住区公园中应设置10%～15%的体育活动场地。

2.1.5　当旧区改建确实无法满足表3-17的规定时，可采取多点分布以及立体绿化等方式改善居住环境，但人均公共绿地面积不应低于相应控制指标的70%。

2.1.6　居住街坊的绿地应结合住宅建筑布局设置集中绿地和宅旁绿地；绿地的计算方法应符合《城市居住区规划设计标准》附录A第1条的规定。

2.1.7　居住街坊集中绿地的规划建设，应符合下列规定：

① 新区建设不应低于0.5m^2/人，旧区改建不应低于0.35m^2/人；

② 宽度不应小于8m；

③ 在标准的建筑日照阴影线围之外的绿地面积不应少于1/3，其中应设置老年人、儿童活动场地。

2.1.8　住宅建筑与相邻建（构）筑物的间距应在综合考虑日照、采光、通风、管线埋设、视觉卫生、防灾等要求的基础上统筹确定，并应符合现行标准GB 50016《建筑设计防火规》的有关规定。

2.1.9　住宅建筑的间距应符合表3-18的规定；对特定情况，还应符合下列规定：

① 老年人居住建筑日照标准不应低于冬至日日照时数2h；

② 在原设计建筑外增加任何设施不应使相邻住宅原有日照标准降低，既有住宅建筑进行无障碍改造加装电梯除外；

③ 旧区改建项目、新建住宅建筑日照标准不应低于大寒日日照时数1h。

表 3-18　住宅建筑日照标准

<table>
<tr><td>建筑气候区划</td><td colspan="2">Ⅰ、Ⅱ、Ⅲ、Ⅶ气候区</td><td colspan="2">Ⅳ气候区</td><td>Ⅴ、Ⅵ气候区</td></tr>
<tr><td>城区常住人口/万人</td><td>≥50</td><td><50</td><td>≥50</td><td><50</td><td>无限定</td></tr>
<tr><td>日照标准日</td><td colspan="3">大寒日</td><td colspan="2">冬至日</td></tr>
<tr><td>日照时数/h</td><td>≥2</td><td colspan="2">≥3</td><td colspan="2">≥1</td></tr>
<tr><td>有效日照时间带
（当地真太阳时）</td><td colspan="3">8～16时</td><td colspan="2">9～15时</td></tr>
<tr><td>计算起点</td><td colspan="5">底层窗台面</td></tr>
</table>

注：底层窗台面是指距室内地坪0.9m高的外墙位置。

2.1.10 居住区规划设计应汇总重要的技术指标，并应符合《城市居住区规划设计标准》附录 A 第 3 条的规定。

（三）配套设施

3.1 配套设施应遵循配套建设、方便使用，统筹开放、兼顾发展的原则进行配置，其布局应遵循集中和分散兼顾、独立和混合使用并重的原则，并应符合下列规定。

（1）十五分钟和十分钟生活圈居住区配套设施，应依照其服务半径相对居中布局。

（2）十五分钟生活圈居住区配套设施中，文化活动中心、社区服务中心（街道级）、街道办事处等服务设施宜联合建设并形成街道综合服务中心，其用地面积不宜小于 $1hm^2$。

（3）五分钟生活圈居住区配套设施中，社区服务站、文化活动站（含青少年、老年活动站）、老年人日间照料中心（托老所）、社区卫生服务站、社区商业网点等服务设施，宜集中布局、联合建设，并形成社区综合服务中心，其用地面积不宜小于 $0.3hm^2$。

（4）旧区改建项目应根据所在居住区各级配套设施的承载能力合理确定居住人口规模与住宅建筑容量；当不匹配时，应增补相应的配套设施或对应控制住宅建筑增量。

3.2 居住区配套设施分级设置规定应符合本标准附录 B 的要求。

3.3 配套设施用地及建筑面积控制指标，应按照居住区分级对应的居住人口规模进行控制，并应符合表 3-19 的规定。

表 3-19 配套设施控制指标 单位：m^2/千人

类别		十五分钟生活圈居住区		十分钟生活圈居住区		五分钟生活圈居住区		居住街坊	
		用地面积	建筑面积	用地面积	建筑面积	用地面积	建筑面积	用地面积	建筑面积
总指标		1600～2910	1450～1830	1980～2660	1050～1270	1710～2210	1070～1820	50～150	80～90
其中	公共管理与公共服务设施 A 类	1250～2360	1130～1380	1890～2340	730～810	—	—	—	—
	交通场站设施 S 类	—	—	70～80	—	—	—	—	—
	商业服务业设施 B 类	350～550	320～450	200～240	320～460	—	—	—	—
	社区服务设施 R12、R22、R32	—	—	—	—	1710～2210	1070～1820	—	—

续表

类别		十五分钟生活圈居住区		十分钟生活圈居住区		五分钟生活圈居住区		居住街坊	
		用地面积	建筑面积	用地面积	建筑面积	用地面积	建筑面积	用地面积	建筑面积
其中	便民服务设施 R11、R21、R31	—	—	—	—	—	—	50～150	80～90

注：1.十五分钟生活圈居住区指标不含十分钟生活圈居住区指标，十分钟生活圈居住区指标不含五分钟生活圈居住区指标，五分钟生活圈居住区指标不含居住街坊指标。

2.配套设施用地应含与居住区分级对应的居民室外活动场所用地；未含高中用地、市政公用设施用地，市政公用设施应根据专业规划确定。

3.4 各级居住区配套设施规划建设应符合本标准附录C的规定。

3.5 居住区相对集中设置且人流较多的配套设施应配建停车场（库），并应符合下列规定：

（1）停车场（库）的停车位控制指标，不宜低于表3-20的规定；

（2）商场、街道综合服务中心机动车停车场（库）宜采用地下停车、停车楼或机械式停车设施；

（3）配建的机动车停车场（库）应具备公共充电设施安装条件。

表3-20 配建停车场（库）的停车位控制指标

单位：车位/100m^2 建筑面积

名称	非机动车	机动车
商场	≥7.5	≥0.45
菜市场	≥7.5	≥0.30
街道综合服务中心	≥7.5	≥0.45
社区卫生服务中心(社区医院)	≥1.5	≥0.45

3.6 居住区应配套设置居民机动车和非机动车停车场（库），并应符合下列规定：

（1）机动车停车应根据当地机动化发展水平、居住区所处区位、用地及公共交通条件综合确定，并应符合所在地城市规划的有关规定；

（2）地上停车位应优先考虑设置多层停车库或机械式停车设施，地面停车位数量不宜超过住宅总套数的10%；

（3）机动车停车场（库）应设置无障碍机动车位，并应为老年人、残疾人专用车等新型交通工具和辅助工具留有必要的发展余地；

（4）非机动车停车场（库）应设置在方便居民使用的位置；

（5）居住街坊应配置临时停车位；

（6）新建居住区配建机动车停车位应具备充电基础设施安装条件。

（四）道路

4.1 居住区道路的规划设计应遵循安全便捷、尺度适宜、公交优先、步行友好的基本原则，并应符合现行标准GB/T 51328《城市综合交通体系规划标准》的有关规定。

4.2 居住区的路网系统应与城市道路交通系统有机衔接，并应符合下列规定：

(1) 居住区应采取"小街区、密路网"的交通组织方式，路网密度不应小于 $8km/km^2$；城市道路间距不应超过300m，宜为150～250m，并应与居住街坊的布局相结合；

(2) 居住区的步行系统应连续、安全、符合无障碍要求，并应便捷连接公共交通站点；

(3) 在适宜自行车骑行的地区，应构建连续的非机动车道；

(4) 旧区改建，应保留和利用有历史文化价值的街道、延续原有的城市肌理。

4.3 居住区各级城市道路应突出居住使用功能特征与要求，并应符合下列规定：

(1) 两侧集中布局了配套设施的道路，应形成尺度宜人的生活性街道；道路两侧建筑退线距离，应与街道尺度相协调；

(2) 支路的红线宽度，宜为14～20m；

(3) 道路断面形式应满足适宜步行及自行车骑行的要求，人行道宽度不应小于2.5m；

(4) 支路应采取交通稳静化措施，适当控制机动车行驶速度。

4.4 居住街坊附属道路的规划设计应满足消防、救护、搬家等车辆的通达要求，并应符合下列规定：

(1) 主要附属道路至少应有两个车行出入口连接城市道路，其路面宽度不应小于4.0m；其他附属道路的路面宽度不宜小于2.5m；

(2) 人行出口间距不宜超过200m；

(3) 最小纵坡不应小于0.3%，最大纵坡应符合表3-21的规定；机动车与非机动车混行的道路，其纵坡宜按照或分段按照非机动车道要求进行设计。

表3-21　附属道路最大纵坡控制指标　　单位：%

道路类别及其控制内容	一般地区	积雪或冰冻地区
机动车道	8.0	6.0
非机动车道	3.0	2.0
步行道	8.0	4.0

4.5 居住区道路边缘至建筑物、构筑物的最小距离，应符合表3-22的规定。

表 3-22　居住区道路边缘至建筑物、构筑物最小距离　　单位：m

与建(构)筑物关系		城市道路	附属道路
建筑物面向道路	无出入口	3.0	2.0
	有出入口	5.0	2.5
建筑物山墙面向道路		2.0	1.5
围墙面向道路		1.5	1.5

注：道路边缘对于城市道路是指道路红线；附属道路分两种情况：道路断面设有人行道时，指人行道的外边线；道路断面未设人行道时，指路面边线。

（五）居住环境

5.1　居住区规划设计应尊重气候及地形地貌等自然条件，并应塑造舒适宜人的居住环境。

5.2　居住区规划设计应统筹庭院、街道、公园及小广场等公共空间形成连续、完整的公共空间系统，并应符合下列规定：

（1）宜通过建筑布局形成适度围合、尺度适宜的庭院空间；

（2）应结合配套设施的布局塑造连续、宜人、有活力的街道空间；

（3）应构建动静分区合理、边界清晰连续的小游园、小广场；

（4）宜设置景观小品美化生活环境。

5.3　居住区建筑的肌理、界面、高度、体量、风格、材质、色彩应与城市整体风貌、居住区周边环境及住宅建筑的使用功能相协调，并应体现地域特征、民族特色和时代风貌。

5.4　居住区绿地的建设及其绿化应遵循适用、美观、经济、安全的原则，并应符合下列规定：

（1）宜保留并利用已有树木和水体；

（2）应种植适宜当地气候和土壤条件、对居民无害的植物；

（3）应采用乔、灌、草相结合的复层绿化方式；

（4）应充分考虑场地及住宅建筑冬季日照和夏季遮阴的需求；

（5）适宜绿化的用地均应进行绿化，并可采用立体绿化的方式丰富景观层次、增加环境绿量；

（6）有活动设施的绿地应符合无障碍设计要求并与居住区的无障碍系统相衔接；

（7）绿地应结合场地雨水排放进行设计，并宜采用雨水花园、下凹式绿地、景观水体、干塘、树池、植草沟等具备调蓄雨水功能的绿化方式。

5.5　居住区公共绿地活动场地、居住街坊附属道路及附属绿地的活动场地的铺装，在符合有关功能性要求的前提下应满足透水性要求。

5.6　居住街坊附属道路、老年人及儿童活动场地、住宅建筑出入口等公共区域应设置夜间照明；照明设计不应对居民产生光污染。

5.7　居住区规划设计应结合当地主导风向、周边环境、温度湿度等微气候条件，采取有效措施降低不利因素对居民生活的干扰，并应符合下列规定：

（1）应统筹建筑空间组合、绿地设置及绿化设计，优化居住区的风环境；

（2）应充分利用建筑布局、交通组织、坡地绿化或隔声设施等方法，降低周边环境噪声对居民的影响；

（3）应合理布局餐饮店、生活垃圾收集点、公共厕所等容易产生异味的设施，避免气味、油烟等对居民产生影响。

5.8　既有居住区对生活环境进行的改造与更新，应包括无障碍设施建设、绿色节能改造、配套设施完善、市政管网更新、机动车停车优化、居住环境品质提升等。

附录A　技术指标与用地面积计算方法

A.0.1　居住区用地面积应包括住宅用地、配套设施用地、公共绿地和城市道路用地，其计算方法应符合下列规定。

（1）居住区范围内与居住功能不相关的其他用地以及本居住区配套设施以外的其他公共服务设施用地，不应计入居住区用地。

（2）当周界为自然分界线时，居住区用地范围应算至用地边界。

（3）当周界为城市快速或高速路时，居住区用地边界应算至道路红线或其防护绿地边界。快速路或高速路及其防护绿地不应计入居住区用地。

（4）当周界为城市干路或支路时，各级生活圈的居住区用地范围应算至道路中心线。

（5）居住街坊用地范围应算至周界道路红线，且不含城市道路。

（6）当与其他用地相邻时，居住区用地范围应算至用地边界。

（7）当住宅用地与配套设施（不含便民服务设施）用地混合时，其用地面积应按住宅和配套设施的地上建筑面积占该幢建筑总建筑面积的比率分摊计算，并应分别计入住宅用地和配套设施用地。

A.0.2　居住街坊绿地面积的计算方法应符合下列规定。

（1）满足当地植树绿化覆土要求的屋顶绿地可计入绿地。绿地面积计算方法应符合所在城市绿地管理的有关规定。

（2）当绿地边界与城市道路临接时，应算至道路红线；当与居住街坊附属道路临接时，应算至路面边缘；当与建筑物临接时，应算至距房屋墙脚1.0m处；当与围墙、院墙临接时，应算至墙脚。

（3）当集中绿地与城市道路临接时，应算至道路红线；当与居住街坊附属道路临接时，应算至距路面边缘1.0m处；当与建筑物临接时，应算至距房屋墙脚1.5m处。

A.0.3　居住区综合技术指标应符合附表A-1的要求。

附表 A-1 居住区综合技术指标

<table>
<tr><th colspan="4">项目</th><th>计量单位</th><th>数值</th><th>所占比例/%</th><th>人均面积指标/(m^2/人)</th></tr>
<tr><td rowspan="8">各级生活圈居住区指标</td><td rowspan="5">居住区用地</td><td colspan="2">总用地面积</td><td>hm^2</td><td>▲</td><td>100</td><td>▲</td></tr>
<tr><td rowspan="4">其中</td><td>住宅用地</td><td>hm^2</td><td>▲</td><td>▲</td><td>▲</td></tr>
<tr><td>配套设施用地</td><td>hm^2</td><td>▲</td><td>▲</td><td>▲</td></tr>
<tr><td>公共绿地</td><td>hm^2</td><td>▲</td><td>▲</td><td>▲</td></tr>
<tr><td>城市道路用地</td><td>hm^2</td><td>▲</td><td>▲</td><td>—</td></tr>
<tr><td colspan="3">居住总人口</td><td>人</td><td>▲</td><td>—</td><td>—</td></tr>
<tr><td colspan="3">居住总套(户)数</td><td>套</td><td>▲</td><td>—</td><td>—</td></tr>
<tr><td colspan="3">住宅建筑总面积</td><td>万平方米</td><td>▲</td><td>—</td><td>—</td></tr>
<tr><td rowspan="18">居住街坊指标</td><td colspan="3">用地面积</td><td>hm^2</td><td>▲</td><td>—</td><td>▲</td></tr>
<tr><td colspan="3">容积率</td><td>—</td><td>▲</td><td>—</td><td>—</td></tr>
<tr><td rowspan="3">地上建筑面积</td><td colspan="2">总建筑面积</td><td>万平方米</td><td>▲</td><td>100</td><td>—</td></tr>
<tr><td rowspan="2">其中</td><td>住宅建筑</td><td>万平方米</td><td>▲</td><td>▲</td><td>—</td></tr>
<tr><td>便民服务设施</td><td>万平方米</td><td>▲</td><td>▲</td><td>—</td></tr>
<tr><td colspan="3">地下总建筑面积</td><td>万平方米</td><td>▲</td><td>▲</td><td>—</td></tr>
<tr><td colspan="3">绿地率</td><td>%</td><td>▲</td><td>—</td><td>—</td></tr>
<tr><td colspan="3">集中绿地面积</td><td>m^2</td><td>▲</td><td>—</td><td>▲</td></tr>
<tr><td colspan="3">住宅套(户)数</td><td>套</td><td>▲</td><td>—</td><td>—</td></tr>
<tr><td colspan="3">住宅套均面积</td><td>m^2/套</td><td>▲</td><td>—</td><td>—</td></tr>
<tr><td colspan="3">居住人数</td><td>人</td><td>▲</td><td>—</td><td>—</td></tr>
<tr><td colspan="3">住宅建筑密度</td><td>%</td><td>▲</td><td>—</td><td>—</td></tr>
<tr><td colspan="3">住宅建筑平均层数</td><td>层</td><td>▲</td><td>—</td><td>—</td></tr>
<tr><td colspan="3">住宅建筑高度控制最大值</td><td>m</td><td>▲</td><td>—</td><td>—</td></tr>
<tr><td rowspan="3">停车位</td><td colspan="2">总停车位</td><td>辆</td><td>▲</td><td>—</td><td>—</td></tr>
<tr><td rowspan="2">其中</td><td>地上停车位</td><td>辆</td><td>▲</td><td>—</td><td>—</td></tr>
<tr><td>地下停车位</td><td>辆</td><td>▲</td><td>—</td><td>—</td></tr>
<tr><td colspan="3">地面停车位</td><td>辆</td><td>▲</td><td>—</td><td>—</td></tr>
</table>

注：▲为必列指标。

附录 B 居住区配套设施设置规定

B.0.1 十五分钟生活圈居住区、十分钟生活圈居住区配套设施应符合附表 B-1 的设置规定。

附表 B-1 十五分钟生活圈居住区、十分钟生活圈居住区配套设施设置规定

类别	序号	项目	十五分钟生活圈居住区	十分钟生活圈居住区	备注
公共管理和公共服务设施	1	初中	▲	△	应独立占地
	2	小学	—	▲	应独立占地
	3	体育馆(场)或全民健身中心	△	—	可联合建设
	4	大型多功能运动场地	▲	—	宜独立占地
	5	中型多功能运动场地	—	▲	宜独立占地
	6	卫生服务中心(社区医院)	▲	—	宜独立占地
	7	门诊部	▲	—	可联合建设
	8	养老院	▲	—	宜独立占地
	9	老年养护院	▲	—	宜独立占地
	10	文化活动中心(含青少年、老年活动中心)	▲	—	可联合建设
	11	社区服务中心(街道级)	▲	—	可联合建设
	12	街道办事处	▲	—	可联合建设
	13	司法所	▲	—	可联合建设
	14	派出所	△	—	宜独立占地
	15	其他	△	△	可联合建设
商业服务业设施	16	商场	▲	▲	可联合建设
	17	菜市场或生鲜超市	—	▲	可联合建设
	18	健身房	△	△	可联合建设
	19	餐饮设施	▲	▲	可联合建设
	20	银行营业网点	▲	▲	可联合建设
	21	电信营业网点	▲	▲	可联合建设
	22	邮政营业场所	▲	—	可联合建设
	23	其他	△	△	可联合建设
市政公用设施	24	开闭所	▲	△	可联合建设
	25	燃料供应站	△	△	宜独立占地
	26	燃气调压站	△	△	宜独立占地
	27	供热站或热交换站	△	△	宜独立占地
	28	通信机房	△	△	可联合建设
	29	有线电视基站	△	△	可联合建设
	30	垃圾转运站	△	△	应独立占地
	31	消防站	△	△	宜独立占地
	32	市政燃气服务网点和应急抢修站	△	△	可联合建设
	33	其他	△	△	可联合建设

续表

类别	序号	项目	十五分钟生活圈居住区	十分钟生活圈居住区	备注
公交场站	34	轨道交通站点	△	△	可联合建设
	35	公交首末站	△	△	可联合建设
	36	公交车站	▲	▲	宜独立设置
	37	非机动车停车场(库)	△	△	可联合建设
	38	机动车停车场(库)	△	△	可联合建设
	39	其他	△	△	可联合建设

注：1.▲为应配建的项目；△为根据实际情况按需配建的项目；
2.在确定的一、二类人防重点城市，应按人防有关规定配建防空地下室。

B.0.2 五分钟生活圈居住区配套设施应符合附表 B-2 的设置规定。

附表 B-2 五分钟生活圈居住区配套设施设置规定

类别	序号	项目	五分钟生活圈居住区	备注
社区服务设施	1	社区服务站(含居委会、治安联防站、残疾人康复室)	▲	可联合建设
	2	社区食堂	△	可联合建设
	3	文化活动站(含青少年活动站、老年活动站)	▲	可联合建设
	4	小型多功能运动(球类)场地	▲	宜独立占地
	5	室外综合健身场地(含老年户外活动场地)	▲	宜独立占地
	6	幼儿园	▲	宜独立占地
	7	托儿所	△	可联合建设
	8	老年人日间照料中心(托老所)	▲	可联合建设
	9	社区卫生服务站	△	可联合建设
	10	社区商业网点(超市、药店、洗衣店、美发店等)	▲	可联合建设
	11	再生资源回收点	▲	可联合设置
	12	生活垃圾收集站	▲	宜独立设置
	13	公共厕所	▲	可联合建设
	14	公交车站	△	宜独立设置
	15	非机动车停车场(库)	△	可联合建设
	16	机动车停车场(库)	△	可联合建设
	17	其他	△	可联合建设

注：1.▲为应配建的项目；△为根据实际情况按需配建的项目；
2.在确定的一、二类人防重点城市，应按人防有关规定配建防空地下室。

B.0.3 居住街坊配套设施应符合附表 B-3 的设置规定。

附表 B-3 居住街坊配套设施设置规定

类别	序号	项目	居住街坊	备注
便民服务设施	1	物业管理与服务	▲	可联合建设
	2	儿童、老年人活动场地	▲	宜独立占地
	3	室外健身器械	▲	可联合设置
	4	便利店(菜店、日杂等)	▲	可联合建设
	5	邮件和快递送达设施	▲	可联合设置
	6	生活垃圾收集点	▲	宜独立设置
	7	居民非机动车停车场(库)	▲	可联合建设
	8	居民机动车停车场(库)	▲	可联合建设
	9	其他	△	可联合建设

注：1.▲为应配建的项目；△为根据实际情况按需配建的项目；

2.在确定的一、二类人防重点城市，应按人防有关规定配建防空地下室。

附录 C 居住区配套设施规划建设控制要求

C.0.1 十五分钟生活圈居住区、十分钟生活圈居住区配套设施规划建设应符合附表 C-1 的规定。

附表 C-1 十五分钟、十分钟生活圈居住区配套设施规划控制要求

类别	设施名称	单项规模		服务内容	设置要求
		建筑面积/m^2	用地面积/m^2		
公共管理与公共服务设施	初中*	—	—	满足 12～18 周岁青少年入学要求	(1)选址应避开城市干道交叉口等交通繁忙路段； (2)服务半径不宜大于 1000m； (3)学校规模应根据适龄青少年人口确定，且不宜超过 36 班； (4)鼓励教学区和运动场地相对独立设置，向社会错时开放运动场地
	小学*	—	—	满足 6～12 周岁儿童入学要求	(1)选址应避开城市干道交叉口等交通繁忙路段； (2)服务半径不宜大于 500m；学生上下学穿越城市道路时，有相应的安全措施； (3)学校规模应根据适龄儿童人口确定，且不宜超过 36 班； (4)应设不低于 200m 环形跑道和 60m 直跑道的运动场，并配置符合标准的球类场地； (5)鼓励教学区和运动场地相对独立设置，并向社会错时开放运动场地

类别	设施名称	单项规模		服务内容	设置要求
		建筑面积/m^2	用地面积/m^2		
公共管理与公共服务设施	体育场(馆)或全民健身中心	2000～5000	1200～15000	具备多种健身设施、专用于开展体育健身活动的综合体育场(馆)或健身馆	(1)服务半径不宜大于1000m; (2)体育场应设置60～100m跑道和环形跑道; (3)全民健身中心应具备大空间球类活动、乒乓球、体能训练和体质检测等用房
	大型多功能运动场地	—	3150～5620	多功能运动场地或同等规模的球类场地	(1)宜结合公共绿地等公共活动空间统筹布局; (2)服务半径不宜大于1000m; (3)宜集中设置篮球、排球、7人足球场地
	中型多功能运动场地	—	1310～2460	多功能运动场地或同等规模的球类场地	(1)宜结合公共绿地等公共活动空间统筹布局; (2)服务半径不宜大于500m; (3)宜集中设置篮球、排球、5人足球场地
	卫生服务中心(社区医院)	1700～2000	1420～2860	预防、医疗、保健、康复、健康教育、计生等	(1)一般结合街道办事处所辖区域进行设置,且不宜与菜市场、学校、幼儿园、公共娱乐场所、消防站、垃圾转运站等设施毗邻; (2)服务半径不宜大于1000m; (3)建筑面积不得低于1700m^2
	门诊部	—	—	—	(1)宜设置于辖区内位置适中、交通方便的地段; (2)服务半径不宜大于1000m
	养老院*	7000～17500	3500～22000	对自理、介助和介护老年人给予生活起居、餐饮服务、医疗保健、文化娱乐等综合服务	(1)宜临近社区卫生服务中心、幼儿园、小学以及公共服务中心; (2)一般规模宜为200～500床
	老年养护院*	3500～17500	1750～22000	对介助和介护老年人给予生活护理、餐饮服务、医疗保健、康复娱乐、心理疏导、临终关怀等服务	(1)宜临近社区卫生服务中心、幼儿园、小学以及公共服务中心; (2)一般中型规模为100～500床

续表

类别	设施名称	单项规模		服务内容	设置要求
		建筑面积/m^2	用地面积/m^2		
公共管理与公共服务设施	文化活动中心*（含青少年活动中心、老年活动中心）	3000～6000	3000～12000	开展图书阅览、科普知识宣传与教育，影视厅、舞厅、游艺厅、球类、棋类，科技与艺术等活动；宜包括儿童之家服务功能	（1）宜结合或靠近绿地设置；（2）服务半径不宜大于1000m
	社区服务中心（街道级）	700～1500	600～1200	—	（1）一般结合街道办事处所辖区域设置；（2）服务半径不宜大于1000m；（3）建筑面积不应低于700m^2
	街道办事处	1000～2000	800～1500	—	（1）一般结合所辖区域设置；（2）服务半径不宜大于1000m
	司法所	80～240	—	法律事务援助、人民调解、服务保释、监外执行人员的社区矫正等	（1）一般结合街道所辖区域设置；（2）宜与街道办事处或其他行政管理单位结合建设，应设置单独出入口
	派出所	1000～1600	1000～2000	—	（1）宜设置于辖区内位置适中、交通方便的地段；（2）2.5万～5万人宜设置一处；（3）服务半径不宜大于800m
商业服务业设施	商场	1500～3000	—	—	（1）宜集中布局在居住区相对居中的位置；（2）服务半径不宜大于500m
	菜市场或生鲜超市	750～1500或2000～2500	—	—	（1）服务半径不宜大于500m；（2）应设置机动车、非机动车停车场
	健身房	600～2000	—	—	服务半径不宜大于1000m
	银行营业网点	—	—	—	宜与商业服务设施结合或临近设置
	电信营业场所	—	—	—	根据专业规划设置
	邮政营业场所	—	—	包括邮政局、邮政支局等邮政设施以及其他快递营业设施	（1）宜与商业服务设施结合或临近设置；（2）服务半径不宜大于1000m

类别	设施名称	单项规模		服务内容	设置要求
		建筑面积/m²	用地面积/m²		
市政公用设施	开闭所*	200～300	500	—	(1)0.6万～1.0万套住宅设置1所； (2)用地面积不应小于500m²
	燃料供应站*	—	—	—	根据专业规划设置
	燃气调压站*	50	100～200	—	按每个中低压调压站负荷半径500m设置;无管道燃气地区不设置
	供热站或热交换站*	—	—	—	根据专业规划设置
	通信机房*	—	—	—	根据专业规划设置
	有线电视基站*	—	—	—	根据专业规划设置
	垃圾转运站*	—	—	—	根据专业规划设置
	消防站*	—	—	—	根据专业规划设置
	市政燃气服务网点和应急抢修站*	—	—	—	根据专业规划设置
交通场站	轨道交通站点*	—	—	—	服务半径不宜大于800m
	公交首末站*	—	—	—	根据专业规划设置
	公交车站	—	—	—	服务半径不宜大于500m
	非机动车停车场(库)	—	—	—	(1)宜就近设置在非机动车(含共享单车)与公共交通换乘接驳地区； (2)宜设置在轨道交通站点周边非机动车车程15min范围内的居住街坊出入口处,停车面积不应小于30m²
	机动车停车场(库)	—	—		根据所在地城市规划有关规定配置机动车停车场

注：1. 加*的配套设施，其建筑面积与用地面积规模应满足相关规划及标准规的有关规定；
2. 小学和初中可合并设置九年一贯制学校，初中和高中可合并设置完全中学；
3. 承担应急避难功能的配套设施，应满足有关应急避难场所的规定。

C.0.2　五分钟生活圈居住配套设施规划建设应符合附表 C-2 的规定。

附表 C-2　五分钟生活圈居住配套设施规划建设要求

设施名称	单项规模		服务内容	设置要求
	建筑面积/m^2	用地面积/m^2		
社区服务站	600～1000	500～800	社区服务站含社区服务大厅、警务室、社区居委会办公室、居民活动用房，活动室、阅览室、残疾人康复室	(1)服务半径不宜大于 300m；(2)建筑面积不得低于 600m^2
社区食堂	—	—	为社区居民尤其是老年人提供助餐服务	宜结合社区服务站、文化活动站等设置
文化活动站	250～1200	—	书报阅览、书画、文娱、健身、音乐欣赏、茶座等，可供青少年和老年人活动的场所	(1)宜结合或靠近公共绿地设置；(2)服务半径不宜大于 500m
小型多功能运动(球类)场地	—	770～1310	小型多功能运动场地或同等规模的球类场地	(1)服务半径不宜大于 300m；(2)用地面积不宜小于 800m^2；(3)宜配置半场篮球场 1 个、门球场地 1 个、乒乓球场地 2 个；(4)门球活动场地应提供休憩服务和安全防护措施
室外综合健身场地(含老年户外活动场地)	—	150～750	健身场所，含广场舞场地	(1)服务半径不宜大于 300m；(2)用地面积不宜小于 150m^2；(3)老年人户外活动场地应设置休憩设施，附近宜设置公共厕所；(4)广场舞等活动场地的设置应避免噪声扰民
幼儿园*	3150～4550	5240～7580	保教 3～6 周岁的学龄前儿童	(1)应设于阳光充足、接近公共绿地、便于家长接送的地段；其生活用房应满足冬至日底层满窗日照不少于 3h 的日照标准；宜设置于可遮挡冬季寒风的建筑物背风面；(2)服务半径不宜大于 300m；(3)幼儿园规模应根据适龄儿童人口确定，办园规模不宜超过 12 班，每班座位数宜为 20～35 座；建筑层数不宜超过 3 层；(4)活动场地应有不少于 1/2 的活动面积在标准的建筑日照阴影线之外

续表

设施名称	单项规模		服务内容	设置要求
	建筑面积/m^2	用地面积/m^2		
托儿所	—	—	服务0～3周岁的婴幼儿	(1)应设于阳光充足、便于家长接送的地段;其生活用房应满足冬至日底层满窗日照不少于3h的日照标准;宜设置于可遮挡冬季寒风的建筑物背风面; (2)服务半径不宜大于300m; (3)托儿所规模宜根据适龄儿童人口确定; (4)活动场地应有不少于1/2的活动面积在标准的建筑日照阴影线之外
老年人日间照料中心*(托老所)	350～750	—	老年人日托服务,包括餐饮、文娱、健身、医疗保健等	服务半径不宜大于300m
社区卫生服务站*	120～270	—	预防、医疗、计生等服务	(1)在人口较多、服务半径较大、社区卫生服务中心难以覆盖的社区,宜设置社区卫生站加以补充; (2)服务半径不宜大于300m; (3)建筑面积不得低于120m^2; (4)社区卫生服务站应安排在建筑首层并应有专用出入口
小超市	—	—	居民日常生活用品销售	服务半径不宜大于300m
再生资源回收点*	—	6～10	居民可再生物资回收	(1)1000～3000人设置1处; (2)用地面积不宜小于6m^2,其选址应满足卫生、防疫及居住环境等要求
生活垃圾收集站*	—	120～200	居民生活垃圾收集	(1)居住人口规模大于5000人的居住区及规模较大的商业综合体可单独设置收集站; (2)采用人力收集的,服务半径宜为400m,最大不宜超过1km;采用小型机动车收集的,服务半径不宜超过2km
公共厕所*	30～80	60～120	—	(1)宜设置于人流集中处; (2)宜结合配套设施及室外综合健身场地(含老年户外活动场地)设置

续表

设施名称	单项规模		服务内容	设置要求
	建筑面积/m^2	用地面积/m^2		
非机动车停车场(库)	—	—	—	(1)宜就近设置在自行车(含共享单车)与公共交通换乘接驳地区； (2)宜设置在轨道交通站点周边非机动车车程15min范围内的居住街坊出入口处，停车面积不应小于30m^2
机动车停车场(库)	—	—	—	根据所在地城市规划有关规定配置

注：1.加＊的配套设施，其建筑面积与用地面积规模应满足相关规划和建设标准的有关规定；

2.承担应急避难功能的配套设施，应满足有关应急避难场所的规定。

C.0.3 居住街坊配套设施规划建设应符合附表C-3的规定。

附表C-3 居住街坊配套设施规划建设控制要求

设施名称	单项规模		服务内容	设置要求
	建筑面积/m^2	用地面积/m^2		
物业管理与服务	—	—	物业管理服务	宜按照不低于物业总建筑面积的2%配置物业管理用房
儿童、老年人活动场地	—	170～450	儿童活动及老年人休憩设施	(1)宜结合集中绿地设置，并宜设置休憩设施； (2)用地面积不应小于170m^2
室外健身器械	—	—	器械健身和其他简单运动设施	(1)宜结合绿地设置； (2)宜在居住街坊范围内设置
便利店	50～100	—	居民日常生活用品销售	1000～3000人设置1处
邮件和快件送达设施	—	—	智能收件箱、智能信报箱等可接收邮件和快件的设施活动场所	应结合物业管理设施或在居住街坊内设置

续表

设施名称	单项规模		服务内容	设置要求
	建筑面积/m^2	用地面积/m^2		
生活垃圾收集点*	—	—	居民生活垃圾投放	(1)服务半径不应大于70m,生活垃圾收集点应采用分类收集,宜采用密闭方式; (2)生活垃圾收集点可采用放置垃圾容器或建造垃圾容器间方式; (3)采用混合收集垃圾容器间时,建筑面积不宜小于$5m^2$; (4)采用分类收集垃圾容器时,建筑面积不宜小于$10m^2$
非机动车停车场(库)	—	—	—	宜设置于居住街坊出入口附近;并按照每套住宅配建1～2辆配置;停车场面积按照0.8～1.2m^2/辆配置;停车库面积按照1.5～1.8m^2/辆配置;电动自行车较多的城市,新建居住街坊宜集中设置电动自行车停车场,并宜配置充电控制设施
机动车停车场(库)	—	—	—	根据所在地城市规划有关规定配置,服务半径不宜大于150m

注：加*的配套设施，其建筑面积与用地面积规模应满足相关规划标准有关规定。

三、《居住绿地设计标准》（CJJ/T 294—2019）

（一）基本规定

1.1　居住用地的绿地率控制指标应符合现行国家标准GB 50180《城市居住区规划设计标准》的有关规定。

1.2　居住绿地应具有改善环境、防护隔离、休闲活动、景观文化等功能。

1.3　居住绿地设计应与居住区规划设计同步进行，并应保持建筑群体、道路交通与绿地有合理的空间关系。

1.4　新建居住绿地内的绿色植物种植面积占陆地总面积的比例不应低于70%；改建提升的居住绿地内的绿色植物种植面积占陆地总面积的比例不应低于原指标。

1.5　居住绿地水体面积所占比例不宜大于35%。

1.6　居住绿地内的各类建（构）筑物占地面积之和不得大于陆地总面积的2%。

1.7　居住绿地设计应以植物造景为主，宜利用场地原有的植被和地形、地貌景观进行设计，并宜利用太阳能、风能以及雨水等绿色资源。

1.8　居住绿地设计应兼顾老人、青少年、儿童等不同人群的需要，合理设置健身娱乐及文化游憩设施。

1.9　居住绿地宜结合实际情况，利用住宅建筑的屋顶、阳台、车棚、地下设施出入口及通风口、围墙等进行立体绿化。

1.10　居住绿地应进行无障碍设计，并应符合现行国家标准 GB 50763《无障碍设计规范》的有关规定。

（二）总体设计

2.1　居住绿地的总体平面设计构图宜简洁大方、自然流畅，并宜兼顾立体景观空间塑造及俯视观赏的整体效果。

2.2　居住绿地的地形设计应根据场地特征、自然地形的基本走势确定。

2.3　居住绿地的植物配置应合理组织空间，做到疏密有致、高低错落、季相丰富，并应结合环境和地形创造优美的林缘线和林冠线；乔木的配置不应影响住户内部空间的采光、通风及日照条件。

2.4　居住绿地的园路及铺装场地应根据居住区规模和入住居民数量合理设计，并宜使用绿色环保材料。

2.5　居住绿地内各类健身娱乐及文化游憩设施的选址，应避免对居民的正常生活产生干扰。

2.6　居住绿地内建筑小品造型应简洁大方、尺度适宜，与周边环境及住宅建筑相互协调。

（三）竖向设计

3.1　一般规定

3.1.1　居住绿地竖向设计应以居住区竖向规划所确定的各控制点高程为依据，并应符合下列规定：

1）应满足景观和空间塑造的要求；

2）应与保留的现状地形相适应；

3）应考虑地表水的汇集、调蓄利用与安全排放；

4）应满足植物的生态习性。

3.1.2　居住绿地竖向设计宜遵循土方就地平衡的原则，宜以微地形为主。

3.1.3　堆土造坡应保持土壤的稳定，地形堆置高度的确定应遵守下列原则：

1）堆土高度应与堆置范围内的地基承载力相适应；

2）应进行土壤自然安息角核算。

3.1.4　当利用填充物堆置土山时，其上部覆盖土层厚度应符合植物正常生长的要求，且填充物堆筑应确保安全稳固，对环境无毒无害。

3.1.5 种植屋面绿地应充分考虑屋面结构的荷载要求。

3.2 地表排水

3.2.1 居住绿地竖向设计除有特殊设计考虑外，应有利于地表水的排放，并应避免形成影响植物正常生长及居民使用的长期积水区域。

3.2.2 居住绿地各类地表的排水坡度宜符合下列规定：

1）草地的排水坡度宜大于1.0％，其中，运动草地排水坡度宜大于0.5％；

2）栽植地表的排水坡度宜大于0.5％；

3）铺装场地的排水坡度宜大于0.3％。

（四）水体设计

4.1 一般规定

4.1.1 居住绿地中的水体设计应满足安全要求。

4.1.2 居住绿地中的水体宜采用雨水、中水、城市再生水及天然水源等作为水源。

4.1.3 居住绿地中水体的最高水位，应确保绿地内的重要建（构）筑物不被水淹；最低水位不应影响水体景观效果；最低水位与最高水位相差宜小于0.8m。

4.1.4 居住绿地中营造湿地景观的水体，水深宜为0.1～1.2m。

4.1.5 居住绿地水体宜以原土构筑池底，并应采用种植水生植物、养鱼等生物措施促进水体自净。

4.2 驳岸设计

4.2.1 居住绿地中水体驳岸，宜采用生态护坡入水；当为垂直驳岸时，岸顶与常水位的高差宜控制在0.3～0.5m。

4.2.2 寒冷地区的水体，其驳岸基础的埋深应在冰冻线以下。

4.3 水景设计

4.3.1 水景设计应充分利用自然水体，创造临水空间和设施，并应设置沿岸防护安全措施。

4.3.2 对水位控制有要求的水体，其池体应采用防水及抗渗漏材料。

4.3.3 旱喷泉喷洒范围内不应设置道路，地面铺装应防滑。

（五）种植设计

5.1 一般规定

5.1.1 居住区种植设计应以居住区总体设计的要求为依据。

5.1.2 种植设计宜保留和保护原有大乔木。

5.1.3 植物种类选择应符合下列规定：

1）应优先选择观赏性强的乡土植物；

2）应综合考虑植物习性及生境，做到适地适树；

3）宜多采用保健类及芳香类植物，不应选择有毒有刺、散发异味及容易引起过敏的植物；

4）应避免选择入侵性强的植物。

5.1.4　植物配置应符合下列规定：

1）应以总体设计的植物景观效果为依据；

2）应注重植物的生态多样性，形成稳定的生态系统；

3）应满足建筑通风、采光及日照的要求；

4）应注重植物乔、灌、草搭配，季相色彩搭配，速生慢生搭配，营造丰富的植物景观和空间；

5）应保持合理的常绿与落叶植物比例，在常绿大乔木较少的区域可适当增加常绿小乔木及常绿灌木的数量。

5.1.5　植物与建（构）筑物的最小间距应符合表3-23的规定。

表3-23　植物与建（构）筑物的最小间距

建(构)筑物名称	最小间距/m	
	至乔木中心	至灌木中心
建筑物外墙:南窗	5.5	1.5
其余窗	3.0	1.5
无窗	2.0	1.5
挡土墙顶内和墙角外	2.0	0.5
围墙(2m高以下)	1.0	0.75
道路路面边缘	0.75	0.5
人行道路面边缘	0.75	0.5
排水沟边缘	1.0	0.3
体育用场地	3.0	3.0
测量水准点	2.0	1.0

5.1.6　屋顶绿化种植应符合现行行业标准JGJ 155《种植屋面工程技术规程》的有关规定。

5.2　组团绿地

5.2.1　组团绿地种植设计应体现居住区特色。

5.2.2　植物配置应符合场地设计的要求，通过植物分隔，创造多样的公共空间。

5.2.3　组团绿地应注意夏季遮阴及冬季光照，宜选择高大的落叶乔木；场所与住宅之间应种植多层次植物进行隔离，减少对周边环境的影响。

5.2.4　绿化应与建筑保持合理的距离，建筑阳面应以落叶乔木为主，满足用户采光及日照的要求。

5.2.5　组团种植应以乔木、灌木为主，充分发挥植物的生态功能；地面除硬地外应铺草种花，并应以树木为隔离带，减少活动区之间的干扰。

5.3　宅旁绿地

5.3.1　宅旁绿地应满足居民通风、日照的需要。

5.3.2　宅旁绿地应因地制宜，采取乔、灌、草相结合的植物群落配置形式。

5.3.3　宅旁绿地宜在入口、休息场地等主要部位增加高大落叶乔木的配置。

5.3.4　宅旁绿地中的小路靠近住宅时，小路两侧植物配置应避免对住宅采光造成影响；各住户门前可选择不同的树种和不同配置方式，增强入户识别性。

5.4　配套公建绿地

5.4.1　配套公建与住宅之间宜运用多种绿化方式形成绿化隔离。

5.4.2　铺装场地宜种植高大荫浓乔木，夏季乔木庇荫面积宜大于场地面积的50%，枝下净空不应低于2.2m。

5.4.3　对变电箱、通气孔、燃气调压站等存在一定危险且独立设置的市政公共设施，应进行绿化隔离，避免居民接近、进入；对垃圾转运站、锅炉房等应进行绿化隔离，并应选择改善局部环境、抗污染的植物。

5.4.4　教育类公建绿化种植应满足相关建筑日照要求，并可适当提高开花、色叶类植物种植比例。

5.4.5　配套停车场、自行车停车处宜建设为绿荫停车场，并应符合下列规定：

1）树木间距应满足车位、通道、转弯、回车半径的要求。

2）庇荫乔木枝下净空应符合下列规定：

① 大、中型汽车停车场应大于4.0m；

② 小汽车停车场应大于2.5m；

③ 自行车停车场应大于2.2m。

3）场内种植池宽度应大于1.5m，并应设保护措施。

5.5　小区道路绿地

5.5.1　小区道路绿化设计应兼顾生态、防护、遮阴和景观功能，并应根据道路的等级进行绿化设计。

5.5.2　小区主要道路可选用有地方特色的观赏植物品种进行集中布置，形成特色路网绿化景观。

5.5.3　小区次要道路绿化设计宜以提高人行舒适度为主；植物选择上可多选小乔木和开花灌木；配置方式宜多样化，与宅旁绿地和组团绿地融为一体。

5.5.4　小区其他道路应保持绿地内的植物有连续与完整的绿化效果。

5.5.5　小区道路的交叉口，视线范围内应采用通透式配置方式。

（六）园路及铺装场地设计

6.1　园路

6.1.1　居住绿地园路设计应遵循下列原则：

1）园路设计应便于居民通行及游览休憩；

2）园路宜采用透水铺装；

3）园路设计应协调好园路与市政等井盖的关系；

4）园路铺装材料应满足防滑要求，寒冷地区不宜采用光面材料。

6.1.2 园路的宽度应符合下列规定：

1）宅前路宽度应大于2.5m；

2）人行路宽度不应小于1.2m，需要轮椅通行的园路宽度不应小于1.5m，非公共区域路面宽度可小于1m或设汀步。

6.1.3 园路的坡度应符合下列规定：

1）园路最小纵坡坡度不应小于0.3%，最大纵坡坡度不宜大于8%；

2）在多雪严寒地区纵坡坡度不应大于4%，山地人行纵坡坡度不应大于15%；

3）纵坡坡度大于15%时，路面应做防滑处理，纵坡坡度大于18%时应设台阶，台阶数不应少于2级；

4）横坡坡度应为1%～2%。

6.2 铺装场地

6.2.1 为满足居民的不同需求，居住绿地内应设计儿童活动场地和供不同年龄段居民健身锻炼、休憩散步、娱乐休闲的铺装场地。

6.2.2 铺装场地位置的设置应距离住宅建筑窗户8m以外，儿童活动场地和健身场地应远离住宅建筑，并应采取措施减少噪声对住户的干扰。

6.2.3 老年人与儿童活动场地不宜布置在风速偏高、背阴和偏僻区域。

6.2.4 老年人活动场地与儿童活动场地宜结合在一起；老年人活动场地应平坦；儿童活动场地宜采用色彩鲜明的软性地面铺装，铺装材料应符合国家相关环保要求。

6.2.5 铺装场地宜采用透水、透气性铺装，铺装表面应平整、耐磨，并应做防滑处理。

6.2.6 铺装场地的排水坡度应控制在0.3%～3%。

6.2.7 铺装场地的外边线不应与市政井盖相撞。

（七）构筑物、小品及其他设施设计

7.1 构筑物

7.1.1 居住区构筑物应在空间形态、建筑风格、比例尺度、色彩处理等方面与周边环境相协调，并应符合当地地域文化。

7.1.2 亭、廊、棚架及膜结构等构筑物设施应符合下列规定：

1）亭、廊、棚架等供游人坐憩之处不应采用粗糙饰面材料，不得采用易刮伤肌肤和衣物的构造；

2）设有吊顶的亭、廊等，其吊顶应采用防潮材料；

3）亭、廊、棚架的体量与尺度，应与场地相适宜，其净高不应小于2.2m；

4）膜结构设计不应对人流活动产生安全隐患，并应避开消防通道。

7.1.3 居住区围墙设计应达到围护、安全要求，高度应为1.8～2.2m；表面材料应方便清洗和维护。

7.1.4 居住区内的人行景观桥设计应自然简洁，与环境协调，并应符合下列规定：

1）应有阻止车辆通过的设施；

2）桥面均布荷载应按 4.5kN/m^2 取值；计算单块人行桥板时，应按 5.0kN/m^2 的均布荷载或 1.5kN 的竖向集中力分别验算，并取其不利者；

3）无防护设施的园桥、汀步及临水平台附近 2.0m 范围以内的常水位水深不应大于 0.5m；桥面、汀步及临水平台面与水体底面的垂直距离不应大于 0.7m。

7.1.5　构筑物与居住区道路边缘的距离，应符合现行国家标准 GB 50180《城市居住区规划设计标准》的有关规定。

7.2　小品

7.2.1　居住区小品设施应优先选用新技术、新材料、新工艺，应安全环保、坚固耐用。

7.2.2　小品设施不宜采用大面积的金属、玻璃等高反射性材料。

7.2.3　室外座椅（具）的设计应满足人体舒适度要求，普通座面高宜为 0.40～0.45m，座面宽宜为 0.40～0.50m，靠背座椅的靠背倾角宜为 100°～110°。

7.2.4　结合座凳设置的花坛高度宜为 0.4～0.6m；花坛应有排水措施。

7.2.5　居住区内雕塑、景墙浮雕等，其材质、色彩、体量、尺度、题材等应与周围环境相匹配，应具有时代感，并应符合主题。

7.2.6　人工堆叠假山石应以安全为前提，进行总体造型和结构设计，造型应完整美观，结构应牢固耐久；宜少而精，并应与环境协调。

7.2.7　居住区照明灯具应根据实际需要适量合理选型，所选用的庭院灯、草坪灯、泛光灯、地坪灯等应与环境相匹配，使其成为景观中的一部分。

7.2.8　居住区内布告栏、指示牌等标志牌设置应位置恰当、格式统一、内容清晰；标志的用材应耐用，方便维修。

7.2.9　居住区栏杆构造应符合下列规定：

1）不应采用锐角或利刺等形式；

2）凡活动边缘临空高差大于 0.7m 处，应设防护栏杆设施，其高度不应小于 1.05m；高差较大处可适当提高，但不宜大于 1.2m；护栏应从可踏面起计算高度；

3）构造应坚固耐久且不易攀登，其扶手上的活荷载取值竖向荷载应按 1.2kN/m 计算，水平向外荷载应按 1.0kN/m 计算，其中竖向荷载和水平荷载不同时计算；作用在栏杆立柱柱顶的水平推力应为 1.0kN/m。

7.3　其他设施

7.3.1　健身器械、儿童游戏场设施应避免干扰周边环境，并应符合下列规定：

1）健身器械应安全、牢固；健身场地周边应设置座椅；

2）儿童游戏场内当设有洁净的沙坑，沙坑周边应有防沙粒散失的措施，沙坑内应有排水措施；

3）儿童游戏器械结构应坚固耐用，并应避免构造上的硬棱角，尺度应与儿童的人体尺度相适应。

7.3.2　垃圾容器高宜为 0.6～0.8m、宽宜为 0.5～0.6m，亦可选用成品，其外观色彩及标志应符合垃圾分类收集的要求。

7.3.3　居住区内音响设施可结合景观元素设计；音响放置位置应相对隐蔽，宜融入园林景观中。

7.3.4　车挡应与居住区道路的景观相协调；球形车挡高度宜为0.3～0.4m，柱形车挡高不宜大于0.7m；间距宜为0.6～1.2m。

（八）给水排水设计

8.1　给水

8.1.1　给水设计应充分利用小区内已有的居住区总体市政给水管网和相应设施。

8.1.2　居住绿地应采用节水设备、节水技术，并应与雨水收集回用及中水回用有机结合统筹设计；在设计有中水回用的小区，应优先利用中水浇灌绿化。

8.1.3　居住绿地设计用水量应符合现行国家标准GB 50015《建筑给水排水设计规范》的有关规定，并应包括下列内容：

1）绿化用水量；

2）道路广场用水量；

3）水景、娱乐设施用水量；

4）未预见水量和管网漏失水量。

8.1.4　从居住区生活饮用水管道上直接接出的浇灌系统管网的起端应设置水表和真空破坏器。

8.1.5　绿化浇灌宜优先采用喷灌、微灌、滴灌、涌泉灌等高效节水的灌溉方式，并应设置洒水栓进行人工补充浇灌。

8.1.6　自动灌溉应根据当地的气候条件、土壤条件、植物类型、绿地面积大小选择适宜的浇灌方式；草坪宜采用地埋式喷头喷灌，乔木宜采用涌泉灌，灌木宜采用滴灌，花卉宜采用微喷灌。

8.1.7　灌溉系统的运行宜采用轮灌方式，并应符合下列规定：

1）轮灌组数量应满足绿化需水要求，并应使灌溉面积与水源的可供水量相协调，各轮灌组的流量宜一致，当流量相差超过20%时，宜采用变频设备供水；

2）同一轮灌组中宜采用同一种型号的喷头或喷灌强度相近的喷头，并且植物品种一致或对灌水的要求相近；

3）地形高差较大的绿地自动灌溉系统宜使用具有压力补偿功能的电磁阀或具有止溢功能的灌水器。

8.1.8　人造水景的初次充水和补水水源不应采用市政自来水和地下井水，应优先采用雨水、中水及天然水源。

8.1.9　水景的水质应符合现行行业标准CJJ/T 222《喷泉水景工程技术规程》的有关规定。

8.1.10　水景应设置补水管，宜设置可靠的自动补水装置。

8.1.11　水景工程宜采用不锈钢管等防锈耐腐蚀管材，室外水景喷泉管道系统应有放空防冻措施。

8.1.12　喷泉水池的有效容积不应小于最大一台水泵5～10min的循环流量，水深应满足喷头的安装要求，并应满足水泵最小的吸水深度要求。

8.1.13 水泵宜设于泵坑内，并应加装格栅盖板，循环管道宜暗敷。

8.1.14 与游人直接接触的戏水池和旱喷泉中，水泵应选用12V安全电压潜水泵，或将水泵设置在池外，并满足电气安全距离要求。喷头的喷水高度应避免伤人。

8.1.15 景观水池应采用水池循环供水方式。

8.2 排水

8.2.1 居住绿地雨水排水设计应充分利用绿地周边已有的居住区总体雨水排水管网和相应设施。绿地内的雨水收集后应分散就近排入居住区总体雨水管网。居住区绿地雨水设计宜设置雨水回收利用措施；雨水资源化利用的控制目标应满足当地的上位专项（专业）规划的控制指标要求。

8.2.2 设计雨水流量、暴雨强度、雨水管道的设计降雨历时和各种地面的雨水径流系数的计算和取值应符合现行国家标准GB 50015《建筑给水排水设计规范》的有关规定。

8.2.3 绿地的设计重现期应与所在小区的设计重现期一致。

8.2.4 雨水排放应充分发挥绿地的渗透、调蓄和净化功能。屋面雨水宜设置断接措施，绿地内雨水排水宜设置植草沟、下凹绿地、人工湿地、雨水花园等渗透、储存、调节的源头径流控制设施。在条件允许的情况下，宜设置初期雨水弃流设施。

8.2.5 绿地内雨水的地表径流部分应有收集措施，种植区低洼处宜采用盲沟、土沟、卵石沟、透水管（板）、水洼系统等收集；硬质场地低洼处宜采用雨水口、明沟、卵石沟等收集。

8.2.6 地下建（构）筑物上的绿地应设置蓄排水板和透水管等蓄排水措施。

8.2.7 景观水池应有泄水和溢水的措施；泄水宜采用重力自流泄空方式，放空时间宜为12～48h；溢水管管径应大于补水管管径，并应满足暴雨量计算要求；溢流管路宜设置在水位平衡井中。

8.2.8 与天然河渠相通的景观水体应在连接处设置水位控制措施。

（九）电气设计

9.1 居住绿地用电负荷为三级负荷，供电电源点的布局应根据负荷分布和容量来确定，220V/380V供电半径不宜大于0.5km。

9.2 居住绿地最大相负荷电流不宜超过三相负荷平均值的115%，最小相负荷电流不宜小于三相负荷平均值的85%。

9.3 居住绿地中公共活动的场所宜预留备用电源和接口。

9.4 居住绿地中公共活动区照明应符合表3-24的规定。

表3-24 公共活动区照明

区域	最小平均水平照度，Eh_{min}/lx
车行道	15
人行道、自行车道	2
庭园、平台	5
儿童游戏场地	10

9.5　居住绿地景观照明及灯光造景应考虑生态和环保的要求，应避免产生对行人不舒适的眩光，并应避免对住户的生活产生不利影响。

9.6　居住绿地照明应按区域和功能分回路采用自动或手动控制，自动控制可采用定时控制、光控或两者结合的方式。

9.7　绿地中配电干线和分支线宜采用铜芯绝缘电缆，配电线路截面的选择应符合下列规定：

（1）按线路敷设方式及环境条件确定的导体截面，其导体载流量不应小于计算电流和按保护条件所确定的电流；

（2）线路电压损失应满足用电设备正常工作及启动时端电压的要求；

（3）导体应满足动稳定与热稳定的要求；

（4）线路最小截面应满足机械强度的要求。

9.8　居住绿地的低压配电系统接地方式宜采用TT制；电源进线处应设接地装置，接地电阻不应大于4Ω，室外安装的配电装置（配电箱）内应安装相适应的电涌保护器（SPD）。

9.9　夜景照明装置及景观构筑物的防雷应符合现行国家标准GB 50057《建筑物防雷设计规范》的有关规定。

9.10　居住绿地中配电装置及用电设备的外露可导电的金属构架、金属外壳、电缆的金属外皮、穿线金属管、灯具的金属外壳及金属灯杆均应可靠接地。

四、《城市道路绿化规划与设计规范》（CJJ 75—97）

（一）道路绿化规划

1.1　道路绿地率指标

1.1.1　在规划道路红线宽度时，应同时确定道路绿地率。

1.1.2　道路绿地率应符合下列规定：

1）园林景观路绿地率不得小于40%；

2）红线宽度大于50m的道路绿地率不得小于30%；

3）红线宽度在40～50m的道路绿地率不得小于25%；

4）红线宽度小于40m的道路绿地率不得小于20%。

1.2　道路绿地布局与景观规划

1.2.1　道路绿地布局应符合下列规定：

1）种植乔木的分车绿带宽度不得小于1.5m，主干路上的分车绿带宽度不宜小于2.5m；行道树绿带宽度不得小于1.5m；

2）主、次干路中间分车绿带和交通岛绿地不得布置成开放式绿地；

3）路侧绿带宜与相邻的道路红线外侧其他绿地相结合；

4）人行道毗邻商业建筑的路段，路侧绿带可与行道树绿带合并；

5）道路两侧环境条件差异较大时，宜将路侧绿带集中布置在条件较好的一侧。

1.2.2　道路绿化景观规划应符合下列规定：

1）在城市绿地系统规划中，应确定园林景观路与主干路的绿化景观特色。园林景观路应配置观赏价值高、有地方特色的植物，并与街景结合；主干路应体现城市道路绿化景观风貌；

2）同一道路的绿化宜有统一的景观风格，不同路段的绿化形式可有所变化；

3）同一路段上的各类绿带，在植物配置上应相互配合，并应协调空间层次、树形组合、色彩搭配和季相变化的关系；

4）毗邻山、河、湖、海的道路，其绿化应结合自然环境，突出自然景观特色。

（二）道路绿带设计

2.1　分车绿带设计

2.1.1　分车绿带的植物配置应形式简洁，树形整齐，排列一致。乔木树干中心至机动车道路缘石外侧距离不宜小于0.75m。

2.1.2　中间分车绿带应阻挡相向行驶车辆的眩光，在距相邻机动车道路面高度0.6m至1.5m之间的范围内，配置植物的树冠应常年枝叶茂密，其株距不得大于冠幅的5倍。

2.1.3　两侧分车绿带宽度大于或等于1.5m的，应以种植乔木为主，并宜乔木、灌木、地被植物相结合。其两侧乔木树冠不宜在机动车道上方搭接。分车绿带宽度小于1.5m的，应以种植灌木为主，并应灌木、地被植物相结合。

2.1.4　被人行横道或道路出入口断开的分车绿带，其端部应采取通透式配置。

2.2　行道树绿带设计

2.2.1　行道树绿带种植应以行道树为主，并宜乔木、灌木、地被植物相结合，形成连续的绿带。在行人多的路段，行道树绿带不能连续种植时，行道树之间宜采用透气性路面铺装。树池上宜覆盖池箅子。

2.2.2　行道树定植株距，应以其树种壮年期冠幅为准，最小种植株距应为4m。行道树树干中心至路缘石外侧最小距离宜为0.75m。

2.2.3　种植行道树，其苗木的胸径：快长树不得小于5cm，慢长树不宜小于8cm。

2.2.4　在道路交叉口视距三角形范围内，行道树绿带应采用通透式配置。

2.3　路侧绿带设计

2.3.1　路侧绿带应根据相邻用地性质、防护和景观要求进行设计，并应保持路段内的连续与完整的景观效果。

2.3.2　路侧绿带宽度大于8m时，可设计成开放式绿地。开放式绿地中，绿化用地面积不得小于该段绿带总面积的70%。路侧绿带与毗邻的其他绿地一起辟为街旁游园时，其设计应符合现行行业标准《公园设计规范》（CJJ 48）的规定。

2.3.3　濒临江、河、湖、海等水体的路侧绿地，应结合水面与岸线地形设计成滨水绿带。滨水绿带的绿化应在道路和水面之间留出透景线。

2.3.4　道路护坡绿化应结合工程措施栽植地被植物或攀缘植物。

（三）交通岛、广场和停车场绿地设计

3.1　交通岛绿地设计

3.1.1　交通岛周边的植物配置宜增强导向作用，在行车视距范围内应采用通透式配置。

3.1.2　中心岛绿地应保持各路口之间的行车视线通透，布置成装饰绿地。

3.1.3　立体交叉绿岛应种植草坪等地被植物。草坪上可点缀树丛、孤植树和花灌木，以形成疏朗开阔的绿化效果。桥下宜种植耐阴地被植物。墙面宜进行垂直绿化。

3.1.4　导向岛绿地应配置地被植物。

3.2　广场绿化设计

3.2.1　广场绿化应根据各类广场的功能、规模和周边环境进行设计。广场绿化应利于人流、车流集散。

3.2.2　公共活动广场周边宜种植高大乔木。集中成片绿地不应小于广场总面积的25%，并宜设计成开放式绿地，植物配置宜疏朗通透。

3.2.3　车站、码头、机场的集散广场绿化应选择具有地方特色的树种。集中成片绿地不应小于广场总面积的10%。

3.2.4　纪念性广场应用绿化衬托主体纪念物，创造与纪念主题相应的环境气氛。

3.3　停车场绿化设计

3.3.1　停车场周边应种植高大庇荫乔木，并宜种植隔离防护绿带；在停车场内宜结合停车间隔带种植高大庇荫乔木。

3.3.2　停车场种植的庇荫乔木可选择行道树种。其树木枝下高度应符合停车位净高度的规定：小型汽车为2.5m；中型汽车为3.5m；载货汽车为4.5m。

（四）道路绿化与有关设施

4.1　道路绿化与架空线

4.1.1　在分车绿带和行道树绿带上方不宜设置架空线。必须设置时，应保证架空线下有不小于9m的树木生长空间。架空线下配置的乔木应选择开放型树冠或耐修剪的树种。

4.1.2　树木与架空电力线路导线的最小垂直距离应符合表3-25的规定。

表3-25　树木与架空电力线路导线的最小垂直距离

电压/kV	1～10	35～110	154～220	330
最小垂直距离/m	1.5	3.0	3.5	4.5

4.2　道路绿化与地下管线

4.2.1　新建道路或经改建后达到规划红线宽度的道路，其绿化树木与地下管线外

缘的最小水平距离宜符合表 3-26 的规定；行道树绿带下方不得敷设管线。

表 3-26　树木与地下管线外缘最小水平距离

管线名称	距乔木中心距离/m	距灌木中心距离/m
电力电缆	1.0	1.0
电信电缆(直埋)	1.0	1.0
电信电缆(管道)	1.5	1.0
给水管道	1.5	—
雨水管道	1.5	—
污水管道	1.5	—
燃气管道	1.2	1.2
热力管道	1.5	1.5
排水盲沟	1.0	—

4.2.2　当遇到特殊情况不能达到表 3-26 中规定的标准时，其绿化树木根颈中心至地下管线外缘的最小距离可采用表 3-27 的规定。

表 3-27　树木根颈中心至地下管线外缘的最小距离

管线名称	距乔木根颈中心距离/m	距灌木根颈中心距离/m
电力电缆	1.0	1.0
电信电缆(直埋)	1.0	1.0
电信电缆(管道)	1.5	1.0
给水管道	1.5	1.0
雨水管道	1.5	1.0
污水管道	1.5	1.0

4.3　道路绿化与其他设施

树木与其他设施的最小水平距离应符合表 3-28 的规定。

表 3-28　树木与其他设施的最小水平距离

设施名称	至乔木中心距离/m	至灌木中心距离/m
低于 2m 的围墙	1.0	—
挡土墙	1.0	—
路灯杆柱	2.0	—
电力、电信杆柱	1.5	—
消防龙头	1.5	2.0
测量水准点	2.0	2.0

参考文献

[1] 陶联侦，安旭. 风景园林规划与设计：从入门到高阶实训［M］. 武汉：武汉大学出版社，2017.

[2] 李素英，刘丹丹. 风景园林制图［M］. 北京：中国林业出版社，2014.

[3] 孟兆祯. 风景园林工程［M］. 北京：中国林业出版社，2012.

[4] 孙嘉燕，周静卿. 园林工程制图习题集［M］. 北京：中国农业出版社，2006.

[5] 贾建中. 城市绿地规划设计［M］. 北京：中国林业出版社，2001.

[6] 刘志成. 风景园林快速设计与表现［M］. 北京：中国林业出版社，2012.

[7]［美］T·贝尔托斯基（Tony Bertauski）. 园林设计初步［M］. 陶琳，闫红伟译. 北京：化学工业出版社，2012.

[8] 高彬，刘管平. 从视线分析看苏州网师园景观规划［J］. 古建园林技术，2007,（02）：16-19.

[9] 金煜. 园林植物景观设计［M］. 沈阳：辽宁科学技术出版社，2008.

[10] 谷康. 园林制图与识图［M］. 南京：东南大学出版社. 2001.

[11] 唐学山，等. 园林设计［M］. 北京：中国林业出版社，1997.